PINGGUO TIZHI ZENGXIAO ZAIPEI YU
BINGCHONGHAI LVSE FANGKONG TUPU

# 苹果提质增效栽培与病虫害绿色防控图谱

赵立强　赵姗姗　李　涛　主编

中国农业科学技术出版社

**图书在版编目（CIP）数据**

苹果提质增效栽培与病虫害绿色防控图谱 / 赵立强，赵姗姗，李涛主编. —北京：中国农业科学技术出版社，2019. 7

ISBN 978-7-5116-4305-6

Ⅰ. ①苹… Ⅱ. ①赵… ②赵… ③李… Ⅲ. ①苹果－果树园艺－图解 ②苹果－病虫害防治－图解 Ⅳ. ①S661.1-64 ②S436.611-64

中国版本图书馆 CIP 数据核字（2019）第 151461 号

**责任编辑** 白姗姗
**责任校对** 贾海霞
**出 版 者** 中国农业科学技术出版社
北京市中关村南大街12号　　邮编：100081
**电　　话** （010）82106638（编辑室）（010）82109702（发行部）
（010）82109709（读者服务部）
**传　　真** （010）82106650
**网　　址** http: // www.castp.cn
**经 销 者** 各地新华书店
**印 刷 者** 北京富泰印刷有限责任公司
**开　　本** 880mm×1 230mm　1/32
**印　　张** 5.25
**字　　数** 130千字
**版　　次** 2019年7月第1版　　2019年7月第1次印刷
**定　　价** 56.00元

# 《苹果提质增效栽培与病虫害绿色防控图谱》

## 编 委 会


主　编：赵立强　赵姗姗　李　涛

副主编：周灵敏　宁海勇　朱微微　赵运强　李荣丽
鲁晓娜　张建永　张小月　董晓亮　张丽丽
尤章锋　秦　云　王　婷　乔　青　李爱红
孙曙荣　乔存金　英有文　李红梅　褚冰倩
孟庆伟　张　昆　宋祥刚　刘昭刚　刘丽红
毛久银　张春艳　刘战军　张宝琴　史小婧
于鹏波　王　芳　罗芳琳　张燕妮　陈云霞
侯志勇　王宝广　张中芹　燕绪春　于继光
杨中伟　李　敏　何俊涛　姜海军　张　茜
赵玉玲　张　卓　张　强　王永芳　代晓娅
卢军岭　陈建玲　郭彦东　李艳红　贾　伦
金子纯

编　委：杨鲁光　姜铄松　栾丽培　张慧娟　郑文艳

# 前　言

本书以苹果生产岗位上必需的专业知识和技能为目标，以种植户为服务对象，以提高果品质量、增加果农效益为中心，轻理论，重实践，以实用和可操作为主线，系统地介绍了苹果生产过程中的各个环节。及时总结了先进的苹果生产技术和生产实践经验，可提升从业者的生产管理水平，提高果园的经济效益。苹果品种一章以图文结合的方式介绍了现阶段的主要栽培品种和有推广潜力的新品种。以工作流程的方式介绍了苹果园的周年管理，将肥水管理、病虫害防治及修剪融入周年管理当中，指出了各种管理措施的时段，苹果种植户可按照顺序进行操作。病虫害防治体现绿色、环保，利用彩图介绍病虫及为害状，利于识别；认识了病虫才能更有效地防治。第一章由赵姗姗、宁海勇、张建永等编写，第二、第三章由周灵敏、朱微微、鲁晓娜等编写，第四、第五章由赵立强等编写，第六章由赵运强、李荣丽等编写。本书内容丰富、技术先进实用、通俗易懂、具有较强可操作性，适合广大苹果种植户参考阅读。

由于时间紧迫，编者知识、经验和文字水平有限，书中难免出现疏漏和不足之处，恳请广大读者和专家提出宝贵意见及建议。

编　者

2019年6月

# 目　录

# 第一章　苹果特性及品种

苹果是人们经常食用的水果之一，有“水果之王”的称号，又名平安果、智慧果。是一种低热量的食物，其营养丰富，富含矿物质和维生素，可溶性好，易被吸收，经常食用可使皮肤润滑柔嫩，有一定的美容效果。苹果原产于欧洲、中亚西亚、北美、中国新疆，适于北半球温带种植，属于蔷薇科苹果属。其果实呈红色、粉色、金黄色、绿色、白色，性平、味甘微酸，具有生津止渴、清热除烦、健胃消食的功效。

## 第一节　苹果生物学特性

苹果是一种高大落叶乔木，树高可达15m，在栽培条件下一般高3～5m。有较强的干性，生长旺盛，树冠高大，有明显的层性，因品种的萌芽力和成枝力存在差异，各品种在层性的明显程度也不同。树干灰褐色，老皮多是片状脱落。果实是仁果，颜色和大小因品种不同而不同。喜光，最适宜于在土层深厚，富含有机质，通气性和排水性良好的微酸性到中性沙壤土中生长。在生产栽培上用嫁接繁殖。砧木可分为乔化砧和矮化砧两种。乔化砧多用楸子、海棠、山荆子等，矮化砧多是从英国引进的M系列。生产栽培中多采用宽行密植，行向南北。南部地区在上一年土壤封冻前栽植，北部地区在春季解冻后进行栽植。由于苹果自花结实率低，在栽植时一定要配置授粉树。栽后2～3年结果，在一般管理条件下经济寿命为15～50

年，管理粗放的果园仅有10～30年。

## 一、根　系

### 1. 根系分布

苹果树的根系分布常因砧木种类、土壤性质、地下水高低、栽培技术的不同而有所不同，可分为水平分布和垂直分布。垂直分布又称为根系分布深度与砧木和土壤有关。山地苹果的深度一般为1m，冲积平原根系深度可以达到4～6m。乔化砧主要分布深度为30～60cm，矮化砧的根系主要分布深度为15～30cm。水平分布为冠径的2～3倍，主要的吸收根分布于树冠下正投影的外缘附近，是根系的集中分布区，在施肥时多施于此处。微酸性到中性土壤是根系生长的最适土壤环境。

### 2. 根系生长动态

苹果的根系没有自然休眠期，土温达到3～4℃开始发出新根，7℃以上根系生长加速，20～24℃是最适生长温度，超过30℃时或低于0℃时，根系停止生长。土壤相对湿度60%～80%，含氧量10%～15%。一年中根系生长有2～3个生长高峰，萌芽—开花前、新梢停长果实膨大前、采果后—休眠前，与新梢快速生长交替进行。第一个生长高峰持续时间短，但发根量较多；第二个生长高峰持续40天，是全年发根量最多的时期；第三次生长高峰发根量不如前两次，但延续时间最长。进入盛果期的果树一般没有第一次生长高峰。

小年树和弱树：发根晚，生根少，萌芽后到7月产生长高峰，秋季为最高峰。丰产和稳产树及旺树：春梢旺长前，春梢停长后，秋梢停长后3个生长高峰。大年树：春梢旺长前和春梢停长后2个生长高峰。

### 3. 根系的特性

有向气性、向地性、向肥性、向水性和自我调节生长的特性。

### 4. 根系生长规律

了解了根系生长规律，可指导施肥时间、施肥深度、施用肥料种类，做到合理施肥、提高肥料利用率，可改良土壤、增强树势，解决因缺素引起的各种生理病害，从而提高果实品质。

### 5. 顶端优势和根的向地性

顶端优势是植物的顶芽优先生长而侧芽受到抑制的现象。原因是顶芽合成生长素浓度大，在重力的作用，向下运输到侧芽附近，这时，顶芽生长素浓度较低，可以促进顶芽生长，侧芽生长素浓度较高，所以抑制邻近的侧芽生长。生长素的特性是在低浓度下促进生长，高浓度下抑制生长。不同植物或同一植物的不同器官对高浓度和低浓度的标准也不相同。

根的向地性，也是和生长素有关。由于重力的作用，生长素近地侧浓度比远地侧高，由于根对生长素比较敏感，所以高浓度的生长素抑制其生长，所以近地侧生长的速度比远地侧慢，所以根就向下生长。

## 二、叶

基部叶片生长5～10天，面积达2～10cm$^2$；中部叶片生长15～25天，面积达45～60cm$^2$。在果实生长发育过程中乔砧树需要30～50片叶子为其提供营养物质，矮砧树需要20～30片叶子为其提供营养物质。适宜的叶幕形成的动态是前期叶面积增长速度快，中期要合适，后期叶面积维持时间要长。适宜的叶面积系数为3～4。

## 三、芽

苹果芽为鳞芽，外被鳞片，萌发时鳞片脱落形成鳞痕，成为枝条基部环痕，叫做芽鳞痕。苹果的芽具有晚熟性，可分为叶芽和花芽两种，花芽是混合芽。叶芽呈角形，尖长且弯曲，萌发展叶以后长成枝条，称为新梢或营养枝。苹果的花芽为混合芽。混合芽萌发展叶后长成结果枝。花芽头圆脖子细，鳞片紧抱三棱起，色泽光亮茸毛稀。叶芽头尖脖子壮，三棱不显瘦而长，鳞片抱合松驰状，茸毛较多色不亮。

苹果萌芽力受品种、树龄、树势、枝条角度等多种因素的影响。短枝型品种的萌芽力高，幼龄树的萌芽力低，加大枝条角度可以促进芽子萌发。萌芽力低的品种，由于潜伏芽多，进而寿命长，衰老期更容易更新复壮。

花芽可分为顶花芽和腋花芽，叶芽可分为顶叶芽和侧叶芽。准确识别花芽与叶芽对提高冬剪质量意义重大，可以合理调整树体负载量，克服大小年现象。顶花芽个大、充实并且饱满，芽端钝圆，鳞片数目多，抱合紧密，手捏发硬，外表茸毛少，新鲜光亮。多数品种芽体上有三个棱体，中间有一鳞片突起较大，芽基部细而歪斜，整体观察芽体有点歪。芽下痕突起，呈明显的疙瘩状，将花芽剥开观察，芽内有一团毛茸茸的嫩绿色的小颗粒（3～7个），小颗粒展叶开花后成为花蕾。腋花芽一般着生在一年生枝的中上部，体积明显大于侧叶芽，芽体长椭圆形，充实且饱满，芽尖有点歪，芽体向外微微张开，不紧贴枝条。

顶叶芽芽体瘦小直立，芽基部较粗，芽端尖，鳞片少且松，棱起不明显，手捏发软，茸毛多且长，芽子颜色发暗且无光泽，芽基部脱叶痕突起不明显，将叶芽剥开观察，芽内有3～10个针刺状绿色嫩尖，嫩尖展叶后成为叶片。侧叶芽的芽

体扁小，紧贴于枝条，芽子不歪，芽基叶痕不明显。

注意：不同的树势和枝条生长势花芽的肥瘦也不同。壮树壮枝上的花芽充实饱满，弱树弱枝上的花芽相对瘦小一些。不同部位的花芽肥瘦也不同。内膛或底层的花芽瘦小而外围和顶部的花芽充实饱满。有一些中庸枝顶端的芽子外形上介于花芽和叶芽之间，但仍是叶芽，翌年抽生营养枝。

## 四、花芽分化

花芽分化要经过3个时期：生理分化期、形态分化期和性细胞分化期。

生理分化期出现在新梢停长后，即大部分短枝停止生长起到大部分长枝停止生长这一段时间。先从短枝上开始，后是中枝和长枝。多数品种的生理分化期在盛花后15～40天，集中于6—7月，在陕西关中地区最早从5月中下旬开始，最晚10月。这一时期是控制花芽分化的关键时期。

形态分化期出现在生理分化期后的10～50天。生理分化开始的晚，那么形态分化也就晚。落叶前都具备一定的花器官，完成形态分化。

性细胞分化期出现于休眠期到花期。主要是花粉粒和胚珠的分化和发育，此时所消耗的营养物质来源于树体贮藏营养，而花粉粒和胚珠的分化程度与坐果率的高低有着十分密切的关系，因此树体贮藏营养的水平对花芽分化有着十分重要的影响。

花芽分化的特点具有长期性，同时也具有集中性。

## 五、新梢生长

新梢的加长生长可以分成5个时期：叶簇期、迅速生长期、缓慢生长期、顶芽形成期和秋梢形成期。

新梢的加粗生长和加长生长是同时进行的，加长生长迅速时，加粗生长较为缓慢，加长生长缓慢时，加粗生长就会加强，加粗生长比加长生长停止的时间晚。

新梢有明显的两次加长生长，第一次在春季生长出来的新梢叫春梢，第二次在秋季，春梢继续生长形成的新梢叫秋梢。在春梢和秋梢交界处形成明显的盲节。秋梢生长开始于6月下旬至7月上旬，可以持续到9月，其中以7—8月生长最旺。在生长期长的地区，秋梢若能及时停止生长，发育充实的枝条往往能形成腋花芽，有助于幼树提早结果。中枝及短枝只有春梢没有秋梢。

生长量：幼树期的新梢生长量在80～120cm，盛果期的新梢生长量在30～80cm，到了结果后期的生长量在20～30cm。

生长特点：一年有两次生长，有春梢和秋梢之分。生产上应当促春梢控秋梢。

生长时间：短枝为30天，中枝为40～50天，长枝在70～90天。

要想达到稳产、高产的目的，就要求亩枝量控制在6万～9万条为宜，长枝：中枝：短枝的比例稳定在1：2：7。

## 六、枝　条

可分为营养枝和结果枝。

### 1. 营养枝

营养枝包括徒长枝、普通枝、长枝、中枝、短枝、纤细枝、叶丛枝。

徒长枝：大多直立生长，粗壮，节间长，芽子瘦小。大多是由潜伏芽遇到刺激萌发形成，生长量大，皮薄叶片小，以消耗营养为主，枝条不充实，芽子瘦瘦的、瘪瘪的，不易形成花芽。

普通枝：节间长，枝条充实，叶芽饱满，多用于结果枝的

培养。主要包括长枝、中枝、短枝3种。长枝的生长量大，具有很强的激素合成能力和竞争营养物质的能力，生长消耗量大，生长期长，产物可运往枝干和根，起到养根和养干的作用。多生长于树冠的外围。中枝只有一次生长功能较强，只有春梢，没有秋梢，有明显的顶芽，有的当年可以形成花芽转化成结果枝。短枝的生长时间短，光合产物积累时间长，基本上是自留不外运，起不到养根和养干的作用，很容易成花。

纤细枝：枝条细弱，叶芽充实，多着生于树冠的下部，其上易形成短果枝。

叶丛枝：是叶芽萌发以后生长量很小的短枝，如营养充足，当年秋天就可形成顶花芽，营养不良的话，可多年延长生长。多生长于树冠下层和内膛。

短枝和中枝一般只有一次生长，停长时间早，容易形成花芽；长枝停长时间晚，叶片多，光合生产能力强，养分外运范围广，尤其与根系的营养交换频繁，交换势强。因此，果树必须有一定数量的长枝，根系才能不断地生长，对增强树势、提高树体营养水平有一定的作用，但是长枝过多又不利于成花和坐果。

**2. 结果枝**

结果枝可分为长果枝、中果枝、短果枝和腋花芽枝四种。

长果枝就是长度在15cm以上的果枝，顶芽为花芽。长果枝与营养枝不易区分，可根据顶芽的饱满程度来判断，如果顶芽是花芽的，就是长果枝。中果枝就是长度在5～15cm的果枝，节间较短，枝条粗壮，顶芽为花芽。短果枝就是长度在5cm以下，顶芽为花芽的果枝。腋花芽枝就是在当年生的叶腋处形成花芽，翌年就可以开花结果的果枝。

通常是幼树以长果枝和中果枝结果为主，随着树龄的增长，短果枝的比例迅速上升，到了盛果期，一般的短果枝比

例可达到70%以上，到了衰老期几乎所有的果枝都是短果枝。不同的品种结果习性也不相同，大多数品种以短果枝结果为主。金帅等品种以长果枝和中果枝结果为主，而新红星、红富士等品种则以短果枝结果的比例大一些，辽伏等品种更容易形成腋花芽。

## 七、开花结果和落花落果

### 1. 开花结果

苹果树的花芽是混合花芽，以顶花芽结果为主，也有腋花芽结果。

花芽在日均温达到8℃时开始萌动，15℃时萌芽，先伸出叶片，然后抽生一段新梢长2～3cm，结果以后膨大形成果台，果台大的，其上结出来的果实也大。果台上有芽，可抽生果台枝。17～18℃时开花，后着生总状花序，花有5～7朵，中心花先开，边花后开，中心花坐果好。一般花期为8～15天，花期适宜温度为18℃。新梢生长。各个品种的开花时间也不尽相同，红富士开花时间要晚一些。苹果树是异花授粉，自花结实率低，在建园时，需要配置授粉树。花粉发芽，花粉管生长适温10～25℃，花粉管可在2～3天到达胚囊，受精过程需要1～2天。果农可以通过喷施硼、尿素提高果实坐果率。开花当天或第二天是授粉的最佳时期。

苹果花开放物候期可分为以下几个时期。

萌芽期：芽体膨大，鳞片错裂。开绽期：芽体先端裂开，露出绿色。伸出期：花序伸出鳞片，基部有卷曲状的莲座状叶。展叶期：第一片莲座状时伸展开来。始花期：花序中第一朵花开放，到全树约25%的花序开放。盛花期：全树25%～75%的花序开放。落花期：花瓣开始脱落到全部落完。

### 2. 落花落果

落花落果是一种普遍现象，开了一满树花，一般只有8%～15%的花能够结果成熟，大部分花开后落掉。大概7～13朵花才能结成一个果，一小部分在结成小果以后又掉落一些，果实成熟前还要掉一些。

（1）落花一般发生在开花期，发生落花的主要原因是花芽发育不良或花期气候不良。

（2）落果发生在花后1～2周，其主要原因是授粉受精不良或树体贮藏营养不足。

（3）6月落果发生在花后3～4周，多在阳历6月发生。发生的原因是营养少、新梢生长旺、花果留量多、果实的胚竞争营养的能力弱、低温干旱、光照不良等。

（4）采前落果发生在果实采收前，产生的原因是品种特性，遇到高温干旱等不良天气，氮肥施用过多。

## 八、果　实

### 1. 果实大小

从细胞学的角度来看，果实全部的生长发育过程可以分成细胞分裂和细胞膨大两个阶段。

（1）果实细胞分裂阶段的基本特征是果实细胞进行旺盛地分裂，细胞数量急剧增加。果实的细胞分裂从开花前已经开始，到开花期有一个短暂的停止，授粉受精以后继续进行，大多数品种可以一直延续到花后20～30天。

（2）果实细胞膨大阶段的主要特征是细胞容积和细胞间隙不断膨大。到了果实成熟期，果肉细胞间隙可以占到果实总容积的20%～30%。果实膨大从6月开始到采收前结束。

从果实的发育过程可以看出，由果肉细胞的数量和细胞的

容积决定着果实的大小。因此作用于前期细胞数量和后期的细胞容积的内外因素，都可以对果实的大小产生影响。

开花时，一个苹果果实大约有200万个细胞，到了采收时，一个果实中大约有4 000万个细胞。在花前细胞分裂必须达到21次，而花后只需分裂4～5次，通常在花后20～30天内即可实现。这个时期细胞分裂所需营养物质来源于树体贮藏的营养，因此树体贮藏营养物质的水平对果实的大小有很大的影响。

果肉细胞的增大受细胞壁的可塑性以及液泡吸水性能的影响，因此供水水平对果实膨大可产生重大影响。

影响果实细胞数目和细胞体积的主要因素是有充足的营养物质和水分。

**2. 果形**

果形是苹果外观品质的一个重要指标，通常以果形指数来表示。果形指数就是果实纵径与最大横径比。一般的苹果品种每个心皮有2个胚珠，充分受精后，可以形成10粒种子。但是多数品种坐果的果实中，只有5～8粒种子。一个果实内的种子数量的多少，对果实的形状有重要的影响。无正常种子的相应部位，幼果期生长缓慢，致使果实的纵切面不对称，形成了偏果，影响果实外观。这种现象与因缺少种子导致的内源激素合成和分布不均有关。良好的授粉条件是保持好果形的基础。

**3. 果色**

苹果果皮颜色可分为底色和表色两种。果皮底色是在果实未成熟时的颜色，多为深绿色。后期出现3种情况。

（1）绿色消褪，乃至于完全消失，底色变为黄色。

（2）绿色不完全消褪，产生黄绿或绿黄底色。

（3）绿色完全不消褪，仍为深绿色。

表色就是果实成熟时的颜色，一般表现为不同程度的红

色、绿色和黄色三种类型。决定果实表色的主要有叶绿素、胡萝卜素、花青素和黄酮素等。叶绿素可以给予果皮绿色，花青素可以给予果皮红色，胡萝卜素可以给予果皮黄色。在现实生活中，人们喜欢红色果皮的人相当多，那么影响花青素形成的因素有哪些呢?

（1）除了品种的遗传性外，果实中的含糖量是影响果实花青素形成的最主要的原因。

（2）较高的树体营养水平、合理负载、适宜的氮磷钾比例、适当地控水等都有利于花青素的形成，有利于果实的红色培育。

（3）温度对着色的影响也与糖分的积累有关。中晚熟苹果品种夜间温度在20℃以上时，不利于着色。

#### 4. 果实硬度

果实硬度不仅影响鲜食时的口感和味觉，也与果实的贮藏加工性状相关。

凡是细胞壁纤维素含量高、胞间结合力强的品种，果实硬度大，当液泡渗透压大，果实含水量多时，细胞膨压大，果实硬度高。果实的生长发育过程中，随着果胶类物质的减少，果实的硬度也随之降低。

### 九、落叶与休眠

当日平均气温低于15℃，日照短于12h时，苹果树开始落叶，时间在11—12月，此时进入自然休眠状态。通过自然休眠需要3～5℃低温60～70天，大体在12月至翌年1月为被迫休眠。

### 十、对外界气候条件要求

苹果原产于夏季空气干燥、冬季气温冷凉的地区，在其长期系统地进化过程中，适应了这样的外界条件，也就形成了苹

果对外界气候条件的要求。影响苹果生长发育的主要因素是气温，其次是降水，日照、土壤和风也会对其产生影响。我们掌握了苹果生长发育所需要的气候条件，就可以决定在特定的地区是否可以建园发展苹果生产。

**1. 气温**

年平均气温在7.5～14℃的地区，都可以栽培苹果。苹果自然休眠时间长。如果冬季温度高，就不能满足冬季休眠期所需要的低温，使花芽分化不完全，从而形成开花发芽不整齐、坐果率低等。苹果栽培最多的地区来看，冬季最冷月平均气温在-10～10℃的地区，才能满足苹果对低温的要求。

在生长期平均气温要求在12～18℃，夏季要求出现一个高温，平均气温在18～24℃，最适宜苹果的生长。夏季温度过高，平均气温超过26℃以上，就会造成花芽分化不良。热度不足，花芽分化也不好，果小而酸，色泽差，不耐贮藏。秋季温度要求白天温度高，夜间温度低，昼夜温差大，果实糖分高、着色好、果皮厚、果粉多、耐贮藏。

**2. 降水**

苹果在生长季需要的降水约为1 800mm。一般为自然降水，实际被果树吸收的约为1/3，这样在生长季降水量能有540mm，分布均匀就够用了。如果在4—9月的降水量在450mm以下的地区就需要进行浇水了。我国北方地区降水分布不均，大多集中于7—8月，则出现春季降水不足，就要通过浇水进行补充。在内陆降水量少的地区，在建园时必须要有灌溉条件和保墒措施。在降水量大的地区，也要注意雨季排水措施。

果实生长过程中，一般生长前期应使土壤保持较高的含水量，要达到田间持水量的60%～80%，生长后期，特别是采收前的30～50天，需水量较少，维持50%的土壤含水量，利于果实着色和品质提高。年周期中新梢快速生长期和果实迅速膨大

期是需水临界期。

3. 土壤

苹果对土壤的要求不严格，在黏土、壤土、沙土中均可，但以土层深厚、富含有机质的沙壤土和壤土为宜。土层较薄的山地果园也可以通过扩穴深翻，多施有机肥的方法，来扩大根系分布范围。适宜的土壤pH值为5.7～7.5。对土壤的通透性要求较高，当根际的氧气含量小于10%时，根系生长受阻；当一氧化碳含量达到2%～3%时，根系停止生长。

4. 日照

苹果是喜光树种，光照充足，才能生长正常，要求年日照时数2 200～2 800h。一般品种光照补偿点为600～800lx，饱和点在3 500～4 500lx。在这个范围内，随着光照强度的增加，光合作用也会加强。日照不足，会引起一系列反应，如枝叶徒长、软弱、抗病虫力差、花芽分化少，营养贮藏水平低、开花坐果率低，根系生长也会受到影响，果实含糖量低，上色也不好。可是强光直射又宜引起枝干和果实的灼伤。在生产过程中，要做好整形修剪工作，改善通风透光条件，保持合理的叶幕层。

## 第二节　苹果的营养价值

苹果既能减肥，又可以帮助消化，含有多种维生素、矿物质、糖类、脂肪等构成大脑所必须的营养成分。苹果中的纤维，对儿童的生长发育有益，苹果中的锌能增强儿童的记忆力，但苹果中的酸可腐蚀牙齿，吃完苹果后要漱口。

### 一、苹果具有降低胆固醇含量的功效

吃苹果可以减少血液中胆固醇含量，增加胆汁分泌和胆汁

酸功能，因而可避免胆固醇沉淀在胆汁中形成胆结石。有人实验发现，经常吃苹果的人当中，有50%以上的人，其胆固醇含量比不吃苹果的人低10%。用苹果洗净挤汁，每次服100ml，每日3次，连续服用，15天为一疗程，可起到降低胆固醇含量的作用。

## 二、苹果还具有通便和止泻的双重功效

苹果中所含的粗纤维素能使大肠内的粪便变软，苹果含有丰富的有机酸，可刺激胃肠蠕动，促使大便通畅。另外，苹果中含有果胶，又能抑制肠道不正常的蠕动，使消化活动减慢，从而抑制轻度腹泻。

## 三、苹果有降低血压的作用

苹果中含有较多的钾，能与人体过剩的钠盐结合，使之排出体外。当人体摄入钠盐过多时，吃些苹果，有利于平衡体内电解质。

## 四、苹果香气有治疗抑制和压抑感的功效

专家们经过多次试验发现，在诸多气味中，苹果的香气对人的心理影响最大，它具有明显的消除心理压抑感的作用。临床使用证明，让精神压抑患者嗅苹果香气后，心境大有好转，精神轻松愉快，压抑感消失。实验还证明，失眠患者在入睡前嗅苹果香味，能较快安静入睡。

## 五、苹果有清肺的功效

在空气污染的环境中，多吃苹果可以改善呼吸系统和肺功能，保护肺部免受污染和烟尘影响。苹果中含有的多酚及黄酮类天然化学抗氧化物质，可以减少肺癌的发生，预防铅中毒。

### 六、苹果有美容美颜的功效

苹果中含有大量的维生素C，大量的镁、硫、铁、铜、碘、锰、锌等微量元素，经常食用，可使皮肤细腻、润滑、红润有光泽。苹果中含有丰富的维生素E、苹果酸和酒石酸，都有明显的抗氧化作用，可以清除体内的自由基，起到延缓衰老的作用。苹果中含有丰富的膳食纤维，它们可以带走肠道中的毒素和油脂，起到减肥的功效。

## 第三节　苹果品种

苹果是一种多年生果树，一年种植，多年收益。优良的主栽品种是建园的基础，直接影响果农的收益。进行品种选择时，要做到适地适树。现将现阶段的主栽品种和具有发展潜力的品种推荐如下。

### 一、早熟品种

瑞普丽、巴克艾、密谢啦、美国8号、华硕、鲁丽、红丽、红夏、秦阳、太平洋嘎啦、晨阳、麦露西、华星、藤牧1号、艳嘎、富红早嘎、红盖露。

### 二、中熟品种

蜜脆、红乔王子、九月奇迹、施娜克、锦绣红、无锈金冠、新红将军、红露、皮诺娃、凉香、魔笛、秦脆、秦蜜、美味、秋映、秋阳、天汪1号、太平洋玫瑰、岳阳红。

### 三、晚熟品种

功勋12号、岳冠、寒富、福布拉斯、烟富3号、富酷姬、

富金、阿珍富士、富士一号、圣女红、中秋王、烟富8号、烟富6号、岳华、延长红、瑞阳、瑞雪、维纳斯黄金、福丽、澳洲青苹、爱妃、绛雪、玫瑰光芒、望山红、粉红女士、斗南。

# 第二章　苹果苗木繁育

## 第一节　砧木的种类

苹果的砧木包括两种：乔化砧木和矮化砧木。砧木的类型直接影响着果树的适应性、栽植密度、结果早晚、肥水管理、整形修剪。优良的砧木首先能够适应当地的环境条件和水肥水平。其次与嫁接品种的亲合力好，嫁接口愈合光滑，上下部分生长一致，粗度相同。再次可以满足栽植密度的要求。最后是适应性好，抗性强，可以最大限度地表现出品种特有的性状。现在苹果栽培正处于乔化大冠式栽培向矮砧集约化栽培模式转化，苗木生产将先行，做好转化的准备工作。

### 一、乔化砧木

乔化砧木大多是苹果栽培品种的野生近缘种，多采用种子繁殖。种子来源于有性繁殖，具有繁殖容易、适应性强、种源丰富等特点，但是苗木类型复杂，群体变异大，整齐度差。这些特征对嫁接后的苹果品种也会产生影响，主要表现为建园整齐度差，影响树体在产量、长势、产量及果实品质等方面的一致性。这样就不利于机械化、集约化经营。目前比较常用的优良砧木有：山定子、毛山定子、楸子、西府海棠、湖北海棠、河南海棠、三叶海棠、陇东海棠、塞威氏海棠、滇池海棠、花红以及丽江山定子等。

## 二、矮化砧木

矮化集约化栽培是我国苹果发展的方向。矮化栽培是通过利用矮化砧木、短枝品种、栽培技术、生长调节剂等途径来达到目的，而利用矮化砧木是达到控制树休大小最有效、最简单、最省工、最经济的根本措施。树冠的大小受砧木的影响很大，利用矮化砧木有利于苹果树早果，丰产、提升品质，可以减少投入、提高土地利用率等。

### 1. 苹果矮化砧木的优点

（1）树体矮小，适于密植，省地。

（2）结果早，投产快，叶果比高，产量高。

（3）果实品质好。

（4）管理方便，省工，降低生产成本。

### 2. 苹果矮化砧木的缺点

（1）矮化性越强，树势就越弱，寿命越短。尤其在土壤瘠薄和干旱地区表现更为明显。

（2）由于矮化砧木根系浅，抗倒伏能力差，中央干不好培养，且对风等自然灾害抵抗能力弱，需要设立支柱。

（3）矮化砧木育苗繁殖比乔化砧木较困难，繁殖中间砧木苗木需要二次嫁接，繁殖自根砧木，生根比较困难。

（4）矮化密植栽培建园成本高，矮化防止苹果苗价格高，栽植密度大，在许多国家，还需要设立支柱，防止倒伏。

矮化砧木这些缺点大都是可以通过加强管理和运用科技成果加以克服的，如矮化砧木根系浅、固地性和适应性差的问题，可以采用矮化中间砧嫁接和选育适应性强的矮化砧木等办法来解决。因此，在发展矮密苹果栽培时，因地制宜地选择矮化砧木型号非常重要。砧木在选择上要做到适地适树。

**3. 苹果矮化砧木的主要利用途径**

（1）作中间砧。利用当地砧木作基砧，其上嫁接一段15～30cm的矮化砧木，再在矮化段上嫁接品种，优点是固地性强，适应性广，不足之处是降低了矮化效果，树冠增大，不同树体和果实的生长一致性变差。我国矮化苹果基本上不设立支柱，目前应用的砧木基本上是中间砧。

（2）作自根砧。通过矮化砧木直接压条或扦插，让矮化砧木生根，在其上直接嫁接品种，在20世纪80年代，多个国家有许多中间砧矮化果园，现在基本上都推广自根砧，多设立支柱。

（3）双矮栽培。这在我国应用较多，为了是矮化作用更明显，树冠更小。一般在作中间砧的基础上，再嫁接短枝品种，如双矮短枝富士、双矮短枝富士，其矮化效果好于自根砧。

**4. 苹果矮化砧木种类**

从20世纪40年代开始，我国陆续从国外引进苹果矮化砧木，生产上应用的有英国的东茂林试验站的M系和MM系、苏联的B系抗寒砧木、波兰的P系、加拿大的渥太华3号、美国的MAC系和GG系及日本的JM系列等。在引种的基础上，我国也选育出了在生产上获得好评的矮化砧，主要有吉林农业大学的63-2-19，山西省农业科学院果树研究所的S系、SH系、SDC系，中国农业科学院郑州果树研究所的75-9-5、75-9-3，中国农业科学院果树研究所的CX系，辽宁省果树科学研究所的77-34，吉林省农业科学院果树研究所的GM256，青岛市农业科学研究院的N29、N3275-7-1等。矮化苹果苗木因其具有结果早、产量高、早期效益好、果实品质优良、省工、技术简单、易推广等优点，在生产上迅速推广使用。

## 第二节　乔化砧苗繁育

苹果苗木的繁育以嫁接为主。以乔化砧木种子萌发，长成的实生苗作砧木，嫁接普通或短枝型栽培品种繁育苗木，是生产上广泛使用的乔化砧育苗方法。乔化砧木苗的繁育过程春季播砧木种子，秋季进行芽接，翌年秋季成苗出圃。

### 一、乔化砧苗繁育工作流程

苗圃建立→砧木种子采集→层积处理→播种→播后管理→断根→芽接→补接→接后管理→苗木出圃→苗木假植。

### 二、苗圃建立

苗木生产首先要有培育基地。苗圃就是培育苗木的场所，为苗木的生产提供良好的环境。

苗圃地选择得当，有利于苗木的生产，还有利于创造良好的经营管理条件，提高经营管理水平。在现实中十全十美的苗圃是不存在的，在考虑影响苗圃地选择的各种因素时，主要考虑气候、位置、土壤、地形、水分、原来用途、生产潜力等。进行合理的规划，适宜的管理措施，就可以生产出优质苗木了。

#### 1. 位置

苗圃地要选择在交通方便的地方，靠近铁路、公路或水运便利的地方，以利于苗木出圃或苗圃所需生产物资的运输。还要设立在村庄附近，这样有利于解决劳力、畜力、电力等问题，同时也要远离污染严重的企业。

#### 2. 地形

选择排水良好、地势较高、平坦的开阔地进行建园，或者

是坡度小于3°的缓坡为宜。这样既可以排水也可以浇水，还便于机械化作业。

### 3. 水源

苗圃地要设在江、河、湖、塘等天然水源附近，以便于引水灌溉，苗圃地的用水要求是淡水，也可以用井水灌溉，但水的含盐量不宜过大。

### 4. 土壤

要求土壤肥沃、土层深厚、土质疏松、通气性和透水性良好和微酸、微碱或中性的沙壤土、轻壤土为宜。

### 5. 其他

土壤中没有有毒物质积累，一般菜地和苗圃地不宜再作苗圃地使用。

## 三、砧木种子采集或购买

### 1. 砧木种类的选择

在进行砧木种类的选择时，要做到适地适树。要选择能够适应当地气候、土壤、管理水平等条件，能够使嫁接品种早果、丰产、优质、生长健壮并有一定抗性的砧木。例如，山地多选山定子，平原地区多选海棠。湖北海棠作砧木具有一定的矮化作用，八棱海棠作砧木可以使嫁接品种长势很好，目前在北方地区大多选用八棱海棠作砧木。要选用与优良品种嫁接亲和力好，且易于繁殖的砧木种类。

### 2. 种子的选择

要求选用成熟度高、纯度高，没有破粒和瘪粒，且为当年生产的新种子。成熟度高的种子出苗率高，成熟度低的种子出苗率很低，直接影响苗圃的整齐度。陈旧种子不能采用。

### 3. 种子采集

从品种纯正、生长健壮的种子母树上采集充分成熟的果实，将果实堆放在背阴处，厚度不超过30cm，使果肉自然发软，期间经常翻动，以免发酵时产生的高温烧坏种子。待果肉发软腐烂后，即可分批用清水揉搓淘洗，冲去果肉，将种子捞出。然后将种子放于通风阴凉处阴干，充分晾干后贮藏。一般可放在通风、干燥、无鼠害的地方贮藏，贮藏时按种类、品种分别装入布袋，系好标签，防止混杂。

## 四、砧木种子层积处理

种子数量多时，应采用沟藏法进行层积处理。选择地势较高、排水良好的背阴处，在上冻前挖深宽各60～80cm的地沟，长度以种子数量来确定。在沙藏前，将种子浸泡于温水中，使种子充分吸水，并清除漂在水面上的杂质和瘪籽。种子和湿河沙按体积比1∶5的比例准备。在沟底铺上湿沙，河沙的湿度以手握成团而又不滴水为宜。然后一层种子，一层湿河沙，一直堆到距地面10cm左右，最上层铺湿沙，湿沙上面再覆土，土呈屋脊形。沟旁挖好排水沟，以防雨雪水浸入。长度过大时，应在沟内每隔1.5m插一秫秸把，以利通风，防止霉烂。冬季严寒地区可以在沟上盖一层秸秆，用以防寒保温。保持坑内温度在0～7℃，层积时间为60～90天。层积期间注意预防鼠害，经常检验温度、湿度。

种子进行层积处理的目的：完成种子的后熟过程。

## 五、播　种

### 1. 浸种催芽

沙藏没有萌动的种子要进行温水浸种进行催芽。将种子放

于42℃的温水中浸泡2h，进行搅拌，使种子充分吸水。然后再拌上沙进行催芽，催芽温度是20～25℃，经过7天的时间，种子就萌发了。当种子发芽，露白达到60%时就可以播种了。

**2. 土壤准备**

主要包括土壤消毒、施基肥、整地做畦三部分内容。苗圃地可以在冬前进生整地。

（1）土壤消毒的目的是为了消除土壤中的有害病菌及害虫。具体做法是用50%多菌灵可湿性粉剂或70%甲基硫菌灵可湿性粉剂喷施于地表，每亩（1亩≈667m$^2$。全书同）用量是5～6kg。每亩用40%辛硫磷乳油350g拌土25kg，撒于地表。

（2）施基肥。每亩施入腐熟有机肥4 000kg、过磷酸钙50kg、15-15-15的果树专用肥50kg，撒于地表，随整地翻入土壤。

（3）整地做畦。耕翻深度为30cm，消除杂草、石块、残根等影响种子发芽的杂物。畦宽1～1.2m，长10m，畦埂宽30cm，畦面要整平整细。

**3. 播种**

（1）播种时间。华北地区适宜的播种时间在3月中下旬到4月上中旬，东北地区适宜的播种时间在4月下旬到5月上中旬。土壤解冻后，宜早不宜迟。确定好播种时间后提前7天进行砧木种子浸种催芽。

（2）采用宽窄行条播法播种，要做到深挖沟，浅覆土。每畦内播种4行，宽行距40～50cm，窄行20～25cm，这样播种，便于通风，嫁接、管理等。开沟深度为8～10cm，播种量为3～4kg。稍加镇压后，将砧木种子均匀撒于沟中。播种后覆土厚度为1～1.5cm，不要超过2cm。覆土后覆盖地膜，深挖沟，浅覆土就给苗木留出了一定的生长空间，不易出现灼伤苗木。待种子扎根出苗后，先进行放风，然后抠出苗木。

## 六、播后管理

### 1. 炼苗

幼苗出土后，要及时抠开地膜或去除覆盖物，及时进行炼苗，以保证幼苗正常生长。注意在出苗前后，不能进行大水漫灌，以防土壤板结，出现幼苗出土困难和夹苗现象。如出现缺水，可小水勤浇或喷水保湿。

### 2. 间苗

间苗不宜过早，以保证整体生长优势和抵御自然灾害的能力。在幼苗长出3～4片真叶时，要进行间苗移栽，每亩留8 000～10 000棵。最好选择阴天，将生长健壮的幼苗带土移栽到缺苗断垄的地方。出现大面积移栽时，移栽前2～3天进行浇透水，保证幼苗根系带土移栽，以利于幼苗成活。如少量移栽，可以进行局部浇水。间掉过弱、畸形、有病虫害的幼苗，间苗后株距约为10cm。

### 3. 肥水管理

当苗木长出4～5片真叶进入速生期时，要及时浇水。第一次浇水量不要太大，以防土壤过湿时，土壤透气性变差，引起幼根变黑死亡。5—6月视土壤墒情每隔15～20天灌1次水，在浇水的同时追施尿素，每亩15kg。7月追施磷酸二氢钾或喷施磷酸二氢钾，促进幼苗生长。8月底停止浇水，若遇大雨及时排水，防止苗木徒长。

### 4. 病虫害防治

苗圃中主要发生蚜虫、卷叶蛾、金龟子、刺蛾和立枯病等。可在6—7月各喷药1次进行防治，可用70%甲基硫菌灵可湿性粉剂600～800倍液或50%多菌灵可湿性粉剂600倍液+4.5%

高效氯氰菊酯微乳剂1 500倍液。

5. 抹芽摘心

幼苗长到30cm左右时，及早抹除苗干基部5～10cm以内萌发的幼芽。保证嫁接部位光滑，有利于嫁接。嫁接部位以上的叶片和副梢应全部保留，以增加叶面积，促进苗木加粗生长，副梢过多过密时，也可以少量间除。当苗木长到1.2m或18片真叶时摘心，促进苗木旺盛和充实，增加苗木粗度，有利于嫁接。

6. 中耕除草

苗圃地要经常保持土壤疏松和杂草状态，因此，一年中要多次进行中耕除草，疏松土壤，清除杂草，以减少养分和水分的消耗。目前主要采用的是人工除草的方法，也可以采用除草剂进行化学除草。

7. 断根

断根应在芽接成活后，苗子停止加高生长后，以8—9月最为适宜。断根的工具一般采用断根铲或直板铁锹，下铲位置在距离苗木的20cm处，成45°，用力猛蹬，即可将主根切断。也可使用农业机械进行断根。断根后及时浇水、追肥、中耕。

断根铲铲长40cm，下宽10cm，上宽7.5cm，下端打出锋利的刃，上端接12cm长的套筒，安装木柄，在铲面的左侧焊接着10cm长的脚蹬板。

## 七、嫁　接

乔化砧嫁接方法一般采用“T”字形芽接和嵌芽接。“T”字形芽接适用于大田，嵌芽接适用于室内或车间。一般在7月之前完成嫁接的，接芽当年可以萌发，加强肥水，一年可成苗。7月中下旬完成嫁接的，一般当年不萌发，翌年春季

剪砧，秋季成苗。

**1. 基本知识**

（1）将优良品种植株的一段枝或一个芽，嫁接于另一植株的枝干或根上，使之愈合并成活，长成一个新的植株的繁殖方式称为嫁接繁殖。

（2）嫁接成活原理。嫁接能够成活主要是形成层和愈伤组织的作用。所以在嫁接时要求砧木和接穗的形成层对齐。

形成层是木质部和树皮之间一层很薄的细胞，这层细胞有很强的生活能力，是植物生长最活跃的部位。它向外产生韧皮部，向内形成木质部，引起果树的加粗生长。嫁接以后，砧木和接穗的形成层仍在不断分裂，而且由于创伤的刺激，反而加速。在伤口处形成一团疏松的白色物质。它的表面是不光滑的，是没有分化的细胞，对伤口起愈合作用，叫愈伤组织。嫁接时，砧木和接穗之间有空隙，愈伤组织会将空隙填满，愈伤组织接触后，养分和水分就可相互沟通，进一步分化出新的形成层。向外产生韧皮部，向内形成木质部，这样就嫁接成活了。

（3）影响嫁接成活的因素主要有嫁接亲和力、生理与生化特征、砧木与接穗的营养水平、环境条件。嫁接亲和力指砧木与接穗嫁接后在内部组织结构、生理和遗传特性方面差异的大小，其强弱与植物的亲缘关系远近有关，亲缘关系近的嫁接亲和力强，亲缘关系远的嫁接亲和力弱。同品种或种间的嫁接亲和力最强，同属异种间的亲和力因果树种类不同而不同，同科异属间的亲和力小，不同科间嫁接尚无亲和前例。不同时期嫁接，树体会发生不同的生理生化反应，应选择适宜的嫁接时期，采用相应的嫁接方法及提高嫁接速度，可促进成活。砧木和接穗贮藏的养分较多时，易于成活。所以嫁接时宜选用生长充实的枝条作接穗，同一接穗上宜选用充实部位的芽子或者枝

段进行嫁接。嫁接后形成愈伤组织在20～25℃最为适宜。愈伤组织表面有一层水膜，可以促进愈伤组织的形成，所以嫁接后，要用塑料膜进行包裹保湿。强光不利于愈伤组织的产生，黑暗有促进作用。嫁接时关键是形成层对准密接，所以砧木和接穗的削面要平整光滑。嫁接过程中要迅速准确，要求动作要快、削面要平、形成层要对准、绑扎要紧、封口要严。这就是“快”“平”“准”“紧”“严”。

（4）砧木与接穗之间是相互影响的。砧木可以影响树冠的大小，长势、树形和枝形，结果习性，抗逆性和寿命等。接穗会砧木的根系和生育期产生影响。现在使用的中间砧木具有使树冠矮化、结果早的特性，其矮化效果与中间矮的长度呈正比例关系，一般20～25cm，效果最好。

**2.“T”字形芽接**

“T”字形芽接所需工具有修枝剪、胶带、嫁接刀、水桶、湿毛巾、小凳等。

（1）确定时间。在生长季节只要砧木离皮时均可进行。以新梢停止生长后为佳，多在8月进行。注意雨天不能嫁接。

（2）准备接穗。在清早或傍晚从品种纯正、优质丰产、已经结果、生长健壮、无病虫害的结果母树上采集，选用发育充实、芽体饱满、树冠外围的春梢，剪除上下两端的瘪芽，随即剪去叶片防止枝条失水，保留1cm长的叶柄，打捆放置于阴凉处，准备嫁接时使用。嫁接时，置于清水中，用湿毛巾进行覆盖。

（3）芽接。砧木处理：嫁接部位在砧木上选取一处距地面5～10cm的光滑处。先在芽接部位横切一刀，宽度比接芽略宽，深达木质部，再在横刀口中间向下竖切一刀，切口长度与芽片长度相适应，约2cm。两刀的切口呈“T”字形。正值高温天气，伤口不宜暴露时间太长，嫁接要快。

接穗的削取：选接穗中上部的饱满芽，在芽的上方0.5cm处横割一刀，长约为枝条圆周的一半，深达木质部，再在芽的下方1cm处向上斜削一刀，削到芽子上方的横切口，然后捏住叶柄和芽，横向一扭，使皮层与木质部分离，就可以取下芽片。一般长2cm左右，宽0.6～0.8cm。芽片不宜过大过小。过小贮存的营养物质少，且与砧木的接触面小，不易成活；过大则砧木的切口也必须加大，且操作费时，不易紧贴，也影响成活。整个过程不能沾水。注意：扭掉芽轴部分的芽片嫁接后，不能抽生出枝条。

接合：用刀尖左右一拨轻轻撬起两边砧木皮层，将削下的接芽迅速插入，先露白，再向上轻轻提起芽片，使接芽上端和砧木的横刀口密接，其他部分与砧木紧密相贴。

绑扎：用塑料薄膜条绑紧。绑扎时要用手指轻轻按住芽片，用塑料条从下向上捆绑。芽片下面绑扎两三道塑料薄膜，上面再绑扎两道，叶柄、接芽要露在外边，然后系上活结。包扎的宽度，以越过接口上下1～1.5cm为宜。绑扎要严密，防止伤口暴露在外，造成失水或雨水侵入不利愈合。

（4）检查成活补接。接后10天左右，即可检查成活情况。成活的接芽色泽新鲜如常，叶柄一触即落，要随即解绑；若接芽萎缩，叶柄干枯不落，说明没有成活，要随即补接。解绑方法是用刀片或小刀在嫁接芽相对应面轻轻划开绑缚物，解开即可。

**3. 嵌芽接**

嵌芽接又叫带木质部芽接。此法不受树木离皮与否的季节限制，接后接合牢固，利于成活，已在生产中广泛应用，适合于大面积育苗。

（1）确定时间。嵌芽接大多在砧木的接穗不离皮的时期进行。一般在春季和秋季。阴雨天不宜进行嫁接。

（2）准备接穗。春季嫁接用得接穗从母本园从品种纯正、优质丰产、已经结果、生长健壮、无病虫害的结果母树上采集，选用发育充实、芽体饱满、树冠外围的一年生枝。

（3）嵌芽接。砧木处理：苗圃中的小砧木，可在离地面5～10cm处去叶，然后从上而下斜切一刀，角度呈30°，深达木质部。再在切口下方2.5～3cm处，由上而下斜切一刀，角度呈30°，直切到下部刀口处，最后取下小块砧木块。对于多年生砧木，春季可以嫁接到一年生枝上，秋季可以嫁接到当年生枝上，处理方法同苗圃中的小砧木。

接穗削取：与砧木的处理方式相同。先在接穗芽的下方1cm，从上而下斜切一刀，角度呈30°，深达木质部，然后在芽的上方1～1.5cm处，从上而下斜切一刀，角度呈30°，深达木质部。在削第二刀时，用拇指按住芽片上端，以防芽片飞落。一直削到前一个刀口处，两个刀口相遇就可以取下芽片。芽片长约2cm，宽度视接穗粗度而定。要求芽片与砧木上切下来的部分大小相等。

接合：将接穗的芽片嵌入砧木切口，下边一定要插紧，最好使芽片与砧木接口上下左右的形成层全部对齐。

绑扎：用塑料薄膜条绑紧。绑扎时要用手指轻轻按住芽片，用塑料条从下向上捆绑。芽片下面绑扎两三道塑料薄膜，上面再绑扎两道，叶柄、接芽要露在外边，然后系上活结。包扎的宽度，以越过接口上下1～1.5cm为宜。绑扎要严密，防止伤口暴露在外，造成失水或雨水侵入不利愈合。春季嫁接的当年要萌发，捆绑时必须把芽子露出来。秋季嫁接的当年不萌发，可以连同芽片一起包扎起来。

砧木形成的愈伤组织快而多，接穗形成的愈伤组织与它的大小、厚度和木质化程度有关。采用木质化程度高、体积大一些的芽片，有利于愈伤组织的形成，可提高成活率。

## 八、接后管理

主要环节：剪砧→除萌→立支棍→摘心→叶面喷肥→病虫害防治。

### 1. 剪砧

嫁接后翌年春季，砧木芽萌动前进行。剪砧时，刀刃应该在接芽一侧，从接芽以上0.5～1cm处下剪，向接芽对面下斜剪断成马蹄形并涂保护剂，这样有利于剪口愈合和接芽萌发生长。在时间上不易过早，过晚。过早易受冻害，过晚大量养分回流，砧木萌发，浪费养分，不利于壮苗的培养。

### 2. 除萌

剪砧后，砧木上极易发出大量萌蘖，必须及时多次地除去，以防止与接芽争夺营养，分散养分，影响新梢生长。一周3次。除蘖可用手掰，但不要损伤接芽和撕破砧木皮。

### 3. 立支棍

大风地带或大风季节，在苗旁立一木棍，将幼苗宽松绑缚于立棍之上。嫁接苗的接口尚未木质化，不十分牢固。大风来袭时容易从接口处劈裂，立支棍的目的是大风来袭时，苗木不剧烈摆动。

### 4. 摘心

当嫁接苗长到150cm左右时摘心，以控制高度，促进发育。一般以6月上旬摘心最为适宜。在6月上旬和7月下旬分别追速氮肥和叶面喷肥，并及时浇水。苹果苗木生长旺盛时可以长到2m多，而定干只需要70～80cm，不定干的树形，也只需要1.5m，进行拉枝整形。苗木生长过高，实质上是对营养的浪费。可以利用这一部分营养，促进加粗生长，促发副梢和芽体饱满。积累营养，为早果、丰产打下基础。

**5. 叶面喷肥**

摘心后直到9月下旬进行叶面喷肥。用300倍尿素或300倍磷酸二氢钾交替进行叶面喷施，以促进加粗生长和营养积累。

**6. 病虫害防治**

苗圃中主要发生蚜虫、卷叶蛾、金龟子、刺蛾和立枯病等。药剂防治可用5%高效氯氰菊酯乳油2 000～3 000倍液+70%甲基硫菌灵可湿性粉剂800倍液，结合叶面喷肥喷洒。

**7. 肥水管理**

4月上旬进行第一次浇水，追施尿素15kg。5—6月视土壤墒情每隔15～20天浇1次水，在浇水的同时追施尿素，每亩15kg。7月追施磷酸二氢钾或喷施磷酸二氢钾，促进幼苗生长。8月底停止浇水，控水控肥，若遇大雨及时排水，防止苗木徒长。

## 九、起苗假植

主要环节：起苗→修剪分级→假植。

具体操作：一般在秋季落叶后至土地封冻前进行，土壤墒情差的苗圃，起苗前2天要灌水，不仅省工省力，而且不易伤根。起苗可用刃口锋利的镢头、铁锨或起苗犁等的工具，先在苗木行向的外侧开一条沟，然后按次序顺行起苗。注意保护根系，少伤毛根。起苗深度一般是25～30cm。按不同品种、不同等级捆绑，并做好标记。假植沟应选择背阴、平坦、排水良好、土质疏松的地块挖沟，沟宽1m，沟深以苗木高矮而定，长以苗木多少而定。将分级、挂牌的苗木向南倾斜置于沟中，分层排列，苗木间填入疏松湿土或湿沙，使土壤与根系密接，最后覆土，厚度可过苗高的1/2～2/3，并高出地

面15～20cm，以利排水。假植时，北部寒冷地区覆盖可以厚一点，严冬还可盖草，沟内温度保持在0～7℃，湿度保持在70%～80%为宜。翌年早春应及时检查，土壤干燥时要适当浇水。也可以在春季土壤解冻后而苗木发芽前起苗，最好做到随挖随栽。

## 第三节　矮化砧苗繁育

矮化自根砧育苗具有育苗简单、园貌整齐、结果早、产量高、品质好、苗木一致性高等优点，是世界苹果生产发展的趋势。矮化砧木的利用是实现苹果矮化密植栽培的主要途径，矮化密植栽培是世界苹果生产的主流模式。这一节从母本园建设、砧木繁育、苗木繁育、嫁接技术、嫁接苗管理、肥水管理、培养分枝大苗7个方面，对矮化自根砧的繁育技术进行介绍。

### 一、母本园建设

#### 1. 园地选择

选择无检疫性病虫害、无环境污染、交通便利、背风向阳、地势较高干燥、土壤pH值在5.5～7.8、有灌溉条件，排水良好，土质肥沃的沙壤土、壤土和轻黏壤土，且已连续3年未繁育果树苗木的地块作为建园用地，设置隔离区，园址远离苹果园500m。

#### 2. 砧木母本园建设

选择苗茎充实、芽眼饱满、根系发达、侧根粗度大于1.5mm、根皮光滑、干高大于50cm的砧木苗作为砧木母树，按照株行距（1～2）m×（2～3）m集中定植。

### 3. 品种母本园建设

选择品种纯正的苗木，按照株行距（1～2）m×（2～3）m建设品种母本园，选择发展前景好和现在大面积种植的早、中、晚熟品种。

## 二、砧木繁育

### 1. 扦插法

扦插繁育是指将枝条、叶片、根等植物营养器官从母株上切取下来作为繁殖材料，扦插于苗床，促使其产生不定根或不定芽，从而培养成一个新的独立的个体的繁殖方法。其理论依据是植物细胞的全能性，高度分化的植物细胞具有发育成一株完整植株的能力。根据扦穗的成熟度可以分为硬枝扦插和嫩枝扦插。

（1）硬枝扦插。用充分成熟的一年生枝进行扦插的方法。具有操作简单、成本低、适于易于生根的品种。入冬前，从砧木母本园采集充分成熟的一年生枝，剪去先端的不充分成熟部分，截成长15～20cm的插穗。剪插穗时，上端离芽子2cm左右平剪，下端斜剪，以利于生根。每50条或100条插穗捆成一捆，贴上标签，并注明品种名称，采集日期和采集地点，直立埋于湿沙或锯末中贮藏，温度以1～5℃为宜。

翌年3月上中旬，在保持一定温度和湿度的温室或小拱棚内扦插。扦插前用0.002 5%～0.010 0%的吲哚丁酸水溶液浸泡插穗基部12～24h，或用0.05%～0.20%的滑石粉做填充剂，或用0.1%～0.2%的吲哚丁酸50%酒精溶液浸蘸插穗基部5～7s。

扦插方法可分为畦插和垄插二种。畦插法，插畦宽1m，长8～10m，扦插行距（15～20）cm×（40～50）cm。在地下水位高、地温低的湿地，采用垄插，垄高15～20cm，宽

30cm，畦和垄均以南北行为好，插条全部插入土中，覆土，踩实保墒，萌芽时去覆土，经过催芽处理的插穗，必须先用木棒等在土中插孔，然后放入插穗，使其与土壤紧密接触，以免损伤幼根。

（2）嫩枝扦插。利用幼嫩或半木质化的新梢进行带叶扦插的方法。插穗细嫩，分生能力强，同品种嫩枝扦插易于生根，但对温度和湿度要求严格。在生长季节进行，将半木质化的矮化砧木枝条剪成长10～15cm的插穗，去掉里下面的叶片，保留顶部4～6片叶子，下部用生根素处理后插入有遮阳设备的、用河沙做扦插基质的苗床内。绿枝扦插比硬枝扦插更容易生根。但是扦插对空气湿度和土壤湿度的要求十分严格，须在人工喷雾或弥雾的条件下进行。苹果矮化自根砧插穗在塑料大棚内间歇弥雾、遮光度为80%、棚内温度保持在25℃以上，30℃以下，空气相对湿度保持在90%的条件下，每15天喷1次多菌灵药液控制病菌。先把插穗做纵向刻伤处理，在1%的萘乙酸溶液中速蘸5～10s，插穗生根率可明显提高。

2. 压条法

对于不易生根或生根时间长的矮化砧，为了促进快速生根，可以刻伤法、软化法、生长刺激法、扭枝法、缢缚法、劈开法等阻滞有机营养运输的方法，使养分集中于处理部位，刺激产生不定根。

（1）水平压条法。此法繁育的出来的苗木植株弱小，但可以迅速繁育大量苗木。选用根系良好、枝条充实、粗度较为均匀和芽眼饱满的砧木苗作为母株，剪留50cm。母株栽培前充分浸水，在栽植沟内按株距30cm栽植泥浆浸根后苗木，苗木与地面呈30°～50°夹角、梢部向北倾斜栽植，垂直深度约为15cm，然后覆土踏实，连续灌透水两次后封土。封土后的

栽植沟平面应低于原地平面3～5cm。母株定植后要及时覆盖地膜，以提高地温并保持一定的湿度。

母株苗栽植成活后，待苗干多数芽萌发，5月下旬时，顺母株苗栽植的倾斜方向，将苗干压倒在略低于地面的栽植沟中，第一株苗压倒后梢部用第2株苗的基部压住，第2株苗压倒后梢部用第三株苗的基部压住，以此类推。用木棍十字交叉将拉倒埋入地下的砧苗固定，防止苗干压倒后中部鼓起。在压倒苗干的同时，抹除母株苗干基部和梢部的芽，使苗干上的新梢长势均匀。

待苗干上的新梢长到15cm时，6月中旬进行第一次培土。培土用混合土，混合土由园土、腐熟锯末各占1/2组成，其中园土混有适量的腐熟细土粪或有机肥。培土厚度要大于5cm，以后随着新梢的不断生长，增加培土厚度，每一次培土间隔15天，7月上中旬进行最后一次培土，培土总厚度为20～30cm。此进栽植沟以多次培土已形成大垄，在砧木苗生长期内要保持苗床的湿度，含水量60%～80%。除每次培土前都要浇水和适量追肥外，还要根据土壤的含水量情况随时浇水。

当年落叶后，土壤封冻前，将苗床的培土全部扒开，露出水平压倒的母株苗干及其上的一年生枝基部长的根系。将每一条生根的一年生枝在基部留1cm的短桩斜剪下成为砧木苗，而压倒的母株苗干及苗干上留下来的有根的短桩留在原处。短桩上的剪口要略微倾斜，以便下一年从剪口下萌发新梢，继续培土生根。母株苗干上没有生根的一年生枝留在原地不剪，翌年春季可作为母株苗干继续水平压条。没有生根的一年生枝压倒时，应与母标苗干平行，并与母株间隔10cm，母株苗干上的细弱枝全部剪除。剪苗后的原母株重新培土，浇水越冬。剪下来的砧木苗进行分级后，窖藏沙培越冬，翌年春季做砧木苗使用。

（2）直立压条。这种方法初期繁殖量低、速度慢，但是繁育出来的砧木苗大且旺盛。具体方法是春季栽植苹果矮化自根砧苗，株行距为（0.3～0.5）m×2m，开沟起垄，沟深和垄宽均为30～40cm，垄高30cm。萌芽前，从自根砧基部留2～3cm短截，促发萌蘖，使之成为压条母株。当新梢长到15～20cm时进行第一次培土，培土高度为苗高的1/2，宽约20cm。一般培土后20天砧木苗开始生根。一个月后，新梢长到40cm左右时进行第二次培土，最终培土高度达到30cm，宽度达到40cm。培土前要先浇水，培土后保持土壤湿润，入冬前就可以分株起苗了。起苗时，先扒开土堆，在每根萌蘖的基部靠近母株的地方，留2cm左右的桩进行短截，没有生根的萌蘖也要进行短截。

## 三、苗木繁育

### 1. 繁育圃建设

对建圃用地进行翻耕，消毒、整地和施肥。秋后进行翻耕，深度为30～40cm。亩施优质土粪5 000kg。病虫害多发区要用多菌灵或甲基托布津和辛硫磷进行土壤消毒，预防立枯病、根腐病和金针虫、蛴螬等病虫害。早春干旱少雨地区，整好地后浇水一次，可提高种子出苗率，保证苗量。

### 2. 接穗采集

从品种母本园的母树上采集生长健壮、芽体饱满、没有病虫害的一年生枝作为接穗，可在休眠期和生长季进行采集。在休眠期采集接穗一般结合冬剪进行，采集后，打捆放在地冷库中贮藏，或蜡封保存。在冷库贮藏时，将接穗的下半部埋入湿沙中，上半部露在外面，捆与捆之间用湿沙隔离，湿沙湿度以手握成团，没有水滴滴下，一触即散为宜。保持库内冷

凉，温度小于4℃，湿度大于90%，贮藏期间经常检查，沙子湿度和库内温度，防止接穗发热霉烂或失水风干。若没有冷库，可以在土壤封冻前，在冷凉干燥的背阴处挖贮藏沟，沟深80cm，宽100cm，长度要根据接穗的多少而定。先在沟内铺5cm厚的干净湿沙，将接穗倾斜摆放于沟内，然后填充湿沙将接穗全部埋没，沟上覆盖防雨水材料。用石蜡封存的接穗多用于枝接，根据嫁接的需要，将其剪成适当的长度，后蜡封、扎捆，长短要整齐一致，封蜡时，须将石蜡放入较深的容器中加热熔化，待蜡温升到95～102℃时，迅速将接穗的一端放入石蜡中蘸一下，然后速蘸另一头，时间不要超过1s，使整个枝条均匀地附上一层薄薄的石蜡。蜡温过低时，蜡层厚，易脱落，过高会烫伤接穗。蜡封接穗要完全凉透后再收集贮藏。

生长季采集接穗要随采随用为好，采后立即剪去叶片，减少水分蒸发。剪叶进留下1cm左右长的叶柄，以利于作业和检查成活。暂时不用的接穗要存放于阴凉处，切忌阳光下暴晒，短时间不用的接穗，须将下端用湿沙培好，并经常喷水保湿，以防接穗失水而影响成活率。

3. 嫁接

苹果矮化砧木嫁接方法有芽接和枝接两种。芽接包括“T”字形芽接和单芽切腹接，枝接包括单芽腹接和切接。

在夏季和秋季多采用“T”字形芽接。当砧木苗基部粗度大于0.6cm时，可芽接苹果品种。秋季嫁接较晚时，可以采用嵌芽接的方法进行嫁接。

单芽腹接多用于春季嫁接，具有嫁接速度快，嫁接成活率高的优点，可在大田中嫁接，也可在室内或车间内进行嫁接。

嫁接苗按在苗圃中的生长时间的长短可分为两种。

（1）一年生苗。8—9月在砧木苗下部光滑处芽接并成活，接芽当年不萌发称为半成品苗。半成品苗在翌年春季剪砧

后，接芽萌发，经圃内整形，年末出圃的苗木。春季枝接成半成品苗，4月定植于苗圃中，经圃内整形，年末出圃的苗木，也称一年生苗。

（2）二年生苗。一年生苗按株行距30cm×90cm定植于苗圃内，萌芽前定干，保留剪口下第一个芽子生长，经圃内整形，出圃时可长成高度1.2～1.5m，干径1.0～1.5cm，在适宜分枝部位有8～15个分枝大苗。

**4. 嫁接苗管理**

可参考乔化砧苗木的接后管理。

培养分枝大苗：选用生长一致的壮苗，按株行距0.3m×0.9m进行栽植，栽后定干，定干高度在1.2m。加大肥水使用量，肥料以氮肥为主，辅以叶面追肥。促发二次梢可以喷6-BA，对促发的二次梢要注意开张角度，控制侧芽生长，促进花芽分化。当年树高可达2m以上，分枝达15～20个，即可出圃。

## 第四节　中间砧苗繁育

中间砧苗木的基砧是普通乔化砧木，中间砧是矮化砧木，最上面是苹果优良品种。它具有乔化砧木的根系发达、适应性强的特点，还具有矮化砧木的树体矮小、结果早的特点，在生产中广泛应用。中间砧苗是我国苹果矮砧栽培的主要方式。矮化中间砧苗木的基砧主要是八棱海棠、山定子、新疆野葡萄、平邑甜茶。中间砧应用最多的是M26，其次是SH系，再次是抗寒性强的GM246。河北省主要以八棱海棠和山定子作基砧，以SH系作中间砧。传统方式培育中间砧木苗需要3年时间，为了缩短育苗年限，加快育苗进程，采用分段嫁接和二重嫁接，可两年完成中间砧木苗出圃。

## 一、传统培育法

第一年春季进行乔化砧木播种，培育乔化砧木苗，秋季在乔化砧木苗上嫁接矮化砧木芽片。翌年春季在接芽上方0.5～1cm处剪砧，培育乔矮砧木苗，秋季在乔矮砧木上嫁接优良品种芽片。第三年春季在接芽上方0.5～1cm处剪砧，培育中间砧苗，秋季即可培育出矮化中间砧苹果苗。

部分技术可参照乔化砧苗繁育。

## 二、分段嫁接法

第一年培育乔化砧木苗和矮化砧木苗，秋季在矮化砧木苗木上每隔20～30cm左右嫁接一个优良品种芽片。翌年春季将嫁接有优良品种接芽的矮化砧木苗木分段剪下，保证每一段矮化砧木段上有一个优良品种接芽，再将矮化砧木段嫁接到上一年培育的乔化砧木苗上，经过一年的培育，秋季矮化中间砧苗木即可出圃。

切接：第一步先将砧木在距地面10cm处支顶，削平，在砧木一侧弦长与接穗直径相等处垂直下刀，切入木质部2～3cm。第二步将接穗芽子的一侧斜削一个2～3cm长斜面，在长斜面的对面削一个短斜面。第三步接合，将削好的接穗插入砧木切口中，使两者的形成层对齐。第四步包扎，用塑料薄膜带将接口由下而上包扎严实。

部分技术可参照乔化砧苗繁育和矮化砧苗繁育。

## 三、二重嫁接法

第一年培育乔化砧木苗和矮化砧木苗。第二年春季将苹果优良品种接穗枝接到长25cm左右的矮化砧木段上，并用塑料薄膜进行包扎保湿或用蜡封，再将接好苹果品种的矮化砧木段

嫁接到乔化砧木上，品种接芽萌发后，新梢长到5～10cm时，解除塑料薄膜。经过一年的培育，秋季矮化中间砧苗木即可出圃。在肥水条件较好的苗圃中，可以获得质量较好的中间砧苗木。

单牙腹接：第一步是削接穗。用嫁接刀将接穗削成一长一短的两个斜面带一芽的楔形接穗，接穗长度2cm左右，然后剪下接穗。第二步是剪接口。在距截面0.5cm处，向里将砧木斜剪，角度30°左右，剪口2～3cm。第三步将接穗接到砧木上。接穗的短斜面向外侧插入剪口中，对准形成层。要做到接穗下蹬空，上露白。第四步绑缚。用塑料薄膜从上而上依次包裹。包严、扎紧，以防进水和失水。

部分技术可参照乔化砧苗繁育和矮化砧苗繁育。

# 第三章　苹果园的建立

## 第一节　苹果园选址与规划

### 一、选　址

在进行苹果园选址时，应在苹果的适宜生长区域内进行选址。该地区可以满足苹果对温度、光照、水分等自然条件的要求。除此之外，还要考虑位置、地形、土壤、水源等因素。

**1. 集中连片**

集中连片规划建园，以便于集约经营管理，迅速形成商品规模和生产中心，扩大知名度，参与市场竞争，有利于果品的销售，降低风险。

**2. 交通方便**

选择在交通便利的地方建园，有利于果品的贮运和销售，也利于生产物资的运送。交通方便的地方可以解决劳力短缺问题。

**3. 地势平坦**

选择地势平坦或者小于5°的缓坡地，以光照充足、昼夜温差大、通风良好的地段建园。避免在低洼、涝湿地建园。这样既可以排水也可以浇水，还便于机械化作业。

**4. 土地肥沃**

园地土层深度要在60cm以上，土质疏松，通透性好，有机质含量在8%以上，以中性或微酸性的壤土或沙壤土为宜。

**5. 有灌溉条件**

设在江、河、湖、塘等天然水源附近，以便于引水灌溉，苹果园用水要求是淡水，也可以用井水灌溉，但水的含盐量不宜过大。

**6. 海拔较高**

有条件的地方可在800～1 200m建园，紫外线强、昼夜温差大，可增进着色，提高含糖量，提高果实品质。

## 二、苹果园规划

园地规划包括栽植小区、道路、水利系统，防护林、辅助设施的设置等，还要确定栽植品种、配置授粉树、确定栽植密度。

**1. 配套设置**

根据地形、地势和面积确定栽植小区，平原地区1 500亩为一个小区，丘陵按照一面或一个山丘为一个小区，山地设置时要小区长边要按照等高线方向进行扩展。干路控制在5～8m，小路用来满足田间管理的，可2～4m。没有水源的地方要引水入园或打井灌溉，做到旱能浇、涝能排。一般每隔200m左右，设置一条主林带，方向与主风方向垂直。合理设置管理用房和供电设备等。

**2. 确定栽植品种**

商品生产果园是以生产优质果品投放市场，为社会消费服务并取得高效益为目的，因而建园时选择品种十分重要。应该选用优良品种，实行矮化、密植、早结果、早丰产的栽培方

式。选用品种必须适应当地的气候和土壤条件，具有生长健壮、抗逆性强、丰产、优质等综合性状。在北方一般以晚熟品种为主，早熟和中熟品种不宜过多。一个果园主栽品种不宜过多，主要是为了管理和销售方便，以2～3种为宜。所选品种必须有市场竞争力，并能在较长时间内占领一定的市场，不能仅凭个人喜好和书本介绍。

**3. 配置授粉树**

苹果树具有自花不实的特性，栽培单一品种时，往往会花而不实，低产或连年无收，即使能够自花结实的品种，结实率也是较低的，不能达到生产的要求，因此果园必须配置授粉树。

（1）授粉树应具备的条件。能适应当地的环境条件，寿命长短与主栽品种相似。与主栽品种同时进入结果期，果品经济价值较高，丰产。与主栽品种的花期一致。与主栽品种有良好的授粉亲和力，最好能与主栽品种相互授粉。能产生大量花粉，花粉发芽率高，能满足授粉要求。与主栽品种最好成熟期相同，便于采收。也可以在果园中配置专用授粉树，整个果园只有一个主栽品种，这样更便于机械化管理和作业。

（2）配置授粉树的方式。配置方式有中心式、少量式、等量式和复合式。中心式多用于正方形栽植的小型果园，配置授粉树少。一株授粉树为周围3～8株主栽品种进行授粉，授粉树占全园总株数的11%～30%。少量式，可用于大型果园，配置授粉树较少。沿栽植小区的长边方向成行栽植，每隔3～4行主栽品种配置一行授粉树，授粉树占全园总株数的20%～30%。等量式，多用于经济价值较高的授粉品种，授粉树与主栽品种隔2～4行相间排列栽植，授粉树占全园株数的50%。复合式，两个主栽品种之间授粉不亲和或花期不遇，可以配置第三个品种进行授粉。

（3）提倡选用海棠类专用授粉树，按1：15的比例均匀配置。

专用授粉树应具有生态适应性强，幼树生长量大，干性强、冠幅小，冠形易控制。成花早，成花易，花量大。花期长，与栽培品种的花期一致。花粉量大、活性高，与栽培品种的授粉亲和力强。花粉直感效应明显，有促进着色和提高品质的作用。常用的专用授粉树品种有红峰、雪球、红丽、绚丽、满洲里、凯尔斯、火焰、钻石等。

**4. 确定栽植密度**

在一定环境条件下，合理密植可以增加叶面积，有效利用光能，提高单位面积产量。确定栽植密度是以早果、丰产、提产量为原则。并不是越密越好，密度过大，光照不足，通风不良，下部枝条干枯，结果部位上移，产量下降，品质变差，在管理上也费工费时，因此要合理密植。栽植密度要根据品种、树形、砧木、土壤、环境条件和管理水平等因素进行确定。乔化砧的株行距为（3～4）m×（4～6）m，丘陵山地可以密一些。矮砧或短枝型的株行距（2～3）m×4m。矮砧加短枝型的株行距（1.5～2）m×（2～3.5）m。平地果园以南北行向为宜，这样树冠的东西面均可受光均匀，比东西行向更多地吸收直射光。山地果园多以梯田的自然走向或沿等高线栽植。为了便于机械化作业，可以将行距加大2m。

## 第二节　苗木栽植

工作流程：选择苗木→定点挖穴→施基肥→选苗修剪→栽植→浇水→定干。苗木栽植可分为秋季和春季，要根据立地条件、供苗时间、农活安排等因素确定。秋栽苗木可以在秋季叶片功能丧失后至土壤封冻前进行，时间越早越好。春栽苗木在

土壤解冻后至果树发芽前进行。

## 一、选择苗木

苗木质量是影响成活率和后期经济效益的重要影响因素。最好采用自繁自育的方式，苗木能很好地适应本地的立地条件和气候条件。如果需要购买苗木首先要选放心的有一定实力的企业生产的苗木，一定要去苗木企业去考察，看企业的规模和实力。切记不可图便宜，买不纯正的苗木，好的苗木一定是高的价格。在选择苗木时还要注意以下几个方面。

一是品种和砧木的纯度高。

二是选择是用脱毒苗木。

三是选择健壮苗，枝条要充实，自然封顶，芽子饱满，苗木削尖度大，皮色正常。

四是根系要发达，苗木成活看根系，好苗木须根多且粗细一致。

五是如果经济实力允许，可选择自根砧的分枝大苗建园。

## 二、定点挖穴

在苹果园中，按设计好的株行距，确定栽植点。挖长宽各60cm，深60cm的栽植坑，将表土和心土分开放。施足基肥，亩施腐熟的有机肥2 000～2 500kg，施入定植坑最底层。每株苗木施磷肥0.5～1kg与部分表土充分拌匀，填入定植坑中，再回填部分表土，填半坑左右。有条件的地方可以用挖掘机开定植沟。

注意事项：未腐熟的有机肥距根系20cm以上。

## 三、栽植浇水

选择须根多、生长健壮、在整形带中有足够饱满芽子、

无病虫害的苗木。剪去过长根、枯死根，一般留20cm左右即可。伤口和老茬剪去1cm，剪口要光滑、垂直，以利于伤口的愈合，滋生新根。在清水中浸泡根系24～48h，让苗木吸足水分，有利于提高成活率。

回填土，距地面30cm时踏实。将苗木放入坑中，边填土，边稍稍将树苗向上提5～10cm，使根系和土壤紧密接触。再覆土踏实。乔化砧苗木要求根颈部与地面持平即可，以品种不埋土为准。矮化苗主要考虑矮化砧露出地面的高度，一般为5～15cm。立地条件好、栽植密度大，矮化砧留10～15cm。反之，留5～10cm即可。矮化砧露土长短影响着果树的生长势。同一果园尽可能做到一致，利于园貌整齐。踏实，做个水盘，水盘要大于栽植坑外围。浇透水，要一次性灌足水，水渗后，再覆土，减少水分蒸发。干旱地区可以进行覆膜保墒。如果苗干弯曲，弯曲方向要与当地主要风向相一致。

注意事项：树苗栽植后20天左右不下雨时应浇水一次，此期间不得缺水，以免影响成活。

## 四、定干刻芽

栽植后要及时定干，有利于提高成活率。定干高度依据不同的树形，一般在80～100cm。剪口以下要保留6～8个饱满芽，以确保萌发足够数量的新梢，供整形修剪使用。如果树干的高度不够高或者是在树干的整形带内没有长势好的饱满芽，也可以在饱满芽处进行重短截，待苗木长到能定干的高度时，在翌年春季树木萌芽前进行定干。如果土壤的肥力条件不是特别肥沃，苗木进行定干可促使苗木的主干生长强壮，可尽早形成良好的树形。在土壤比较肥沃、苗木生长强壮且茂盛时也可选择不定干。

定干后还要刻芽，方法是在芽的上方0.5cm处，用刀划一道刻痕，要深达木质部，可有效促进新枝抽生。在剪口的20cm内枝条上不必刻芽，主干上距离地面50cm以内也不需要刻芽，在苗干上其余的芽每隔5～6cm在芽上方用刀或剪子刻一下。要注意所刻芽的方向，螺旋形排列，并且使其发出的枝粗细均匀。要注意在芽子的上方“目伤”，刻透皮层，至木质部即可，不可伤及木质部过深。刻刀应专用，并经常消毒，以免刻伤时感染枝干病害。

## 五、套袋保湿

苗木栽好后要在枝干上套一个塑料袋，以便减少枝干上水分的蒸发。套塑料袋时要把枝干的地上部分全部套上，顶端用绳子绑紧，塑料袋下的口也要用绳扎紧。枝干上套塑料袋，可促进苗木的顶芽早萌发，而且树体的发枝量大，可显著提高栽植的成活率，而且可预防金龟子为害。待苗木的顶端芽发芽至3cm左右时，先剪开顶部透风，以使袋内苗木逐渐适应外界环境，2～3天后解开底端绳子，傍晚时把塑料袋全部去掉。摘掉塑料袋时不要过早、过急或过迟。过早去掉塑料袋，苗木上长出的芽可能会受到金龟子等害虫的为害。摘塑料袋的时间过急，新长出的幼叶从高温高湿的环境中暴露在干燥的环境中，叶片易受害，导致干枯。摘掉塑料袋的时间过晚，塑料袋内的温度很高，容易让叶子受到灼伤。

## 六、抹 芽

苗木萌芽后要随时去除中间砧和根砧上发出的幼芽，以保证营养集中供给品种接穗，加快品种接穗的健壮生长。

## 七、病虫害防治

要坚持“预防为主，综合防治”的病虫防治方法，苗木栽植前没有进行相应病菌消毒的园址，果树栽完后至苗木开始萌芽前要全园喷施1次5°石硫合剂。待苗木新叶开始伸展开时，如发生蚜虫，要及时喷药防治，或选用吡虫啉、抗蚜威等杀虫剂与叶面肥混合在一起，连续喷施3次，可将其完全消灭；发现卷叶蛾时，应及时防治，5月初喷1 500倍液25%灭幼脲悬浮剂可有效防治。7月中旬后，易发生早期落叶病，可根据树叶的发病状况喷施80%代森锰锌可湿性粉剂、1.5%多抗霉素可湿性粉剂等药剂，一般喷施3次即可，后期叶片保存率在92%以上；如果发现幼树叶边干枯，顶梢叶萎蔫，可选择50%多菌灵可湿性粉剂600倍液或70%甲基硫菌灵可湿性粉剂800倍液灌根。

## 八、施肥管理

当新植果树的分枝长到15cm左右时，在土壤中施入尿素。每株施用尿素100g，20天后再追施尿素100g。施肥后要及时浇水，以免发生烧根。生长期喷施2～3次叶面肥促进生长，选择喷施0.2%～0.3%的尿素水溶液。从5月上旬开始，每隔10天左右喷施0.3%的尿素水溶液1次，连续喷施3次，可有效供给苗木生长所需的养分。8月中旬可喷施0.5%的磷酸二氢钾水溶液，增加叶片钾的含量，促使叶片停止生长；9月下旬至10月上旬施入基肥，每株小树可施入有机肥10kg，农家肥15kg，可环状、放射状、条沟状施入。

# 第四章　苹果周年管理

## 第一节　春季管理

### 一、刮树皮

主要环节：刀具消毒→铺布袋片→刮树皮→涂药消毒→清理。以土壤封冻后到春季萌芽前为宜，早春刮树皮能保证树势强和树体安全越冬，效果明显好于冬季刮皮。许多天敌与害虫同在枝干翘皮内越冬，而且天敌开始活动时间早于害虫，为保护天敌应在萌芽前适当推迟，在3月中旬最为适宜。刮树皮可有效地铲除残存在苹果树老翘皮内外的腐烂病、轮纹病、炭疽病、干腐病等病菌孢子和蚜虫、食心虫、介壳虫等多种苹果树害虫的越冬虫卵。刮去过厚的老树皮对树体的生长发育也有一定的好处，可以使树表皮层恢复生机增强抗性。确保苹果树健壮生产，优质高产、高效益。

#### 1. 刀具消毒

凡用来刮树皮的刀具要干净卫生、不锈、不腐。每次使用前和刮过带病斑的树皮之后，刮皮刀具要用50倍液菌毒清药液进行消毒杀菌之后再使用。避免病菌孢子再次传播、侵染、为害其他果树。

**2. 铺布袋片**

在树体根部周围铺一些布袋片，使刮下来的树皮，落在上面，便于树皮清理出园。

**3. 刮树皮**

刮树皮的主要部位是主干及主枝中部以下的粗皮、翘皮、发病部位。用刮刀轻轻地将老树皮刮下来。刮皮时要从上往下运刀。刮掉的树皮不要再磨蹭刮过的地方，以防红蜘蛛的虫卵沾上去。凡是干裂翘起的老树皮都有可能是红蜘蛛越冬卵的巢穴，必须统统刮掉。不要刮掉潜伏芽。要掌握露红不露白的原则。刮得露了白，说明刮得重，会削弱树势。刀刃的深度以刚刚达到新鲜湿皮（也就是白）但不伤及新鲜湿皮为标准，露出的新鲜湿皮不要刮，因为新鲜湿皮承担着向果树根系输送营养的任务，否则的话影响果树的正常生长和产量。

患有腐烂病的苹果树应将病疤处的树皮刮净，一定要刮得彻底仔细，并刮至木质部。病斑边缘要使用锋利的刀具割成直立的斜茬。锋利刀具使用之前要进行杀菌处理，使用后再杀一次菌，防止病菌在果树间传播，造成不必要的为害。刮病斑时坚持“先外后里”的原则，即先刮病斑的边缘，再逐步向里刮。彻底围剿病菌，清除病斑。直到边缘处刮出新鲜树皮，流出新鲜汁液为止。

**4. 涂药消毒**

对刮过皮的树过10～15天，用40%氟硅唑乳油400倍药液涂抹树干，消毒灭菌，隔10～15天，再涂1次。不可随刮树皮随抹药，以免引起药物中毒，造成死枝、死树的现象发生。

**5. 清理**

将刮下的病树皮、病树枝清理得干干净净，集中起来、带

到远离苹果园的空旷处深埋。避免苹果树病皮、病斑中的病菌孢子再次传播、侵染、为害。

## 二、清　园

春季萌芽前是各种病虫害防治的关键时期，清园搞得好，全年病虫少。

工作步骤：物理清园→化学清园。

### 1. 物理清园

将果园里散落的落叶、落果和修剪落地的树枝进行清理。具体做法：清园时用多齿耙将树叶、树枝耧到一块。弯下腰，远伸耙，不能把树枝碰断，也不能把树皮碰伤。及时处理诱虫带或杂物，把杂物集中到一块之后，再运到果园外边进行深埋。春季清园这项工作看似简单，但是预防病虫害的效果不可估量。通过春季清园，可以有效地除掉病虫源，达到预防病害和虫害的目的。这些散落的树叶、落果和修剪落地的树枝最容易附着和滋生各种病菌以及虫害，如果不将其清理，待到春暖花开时，有了适宜的环境条件，它们就会为害叶片、果实和果树。

### 2. 化学清园

应掌握在花芽萌芽时，即花芽鳞松开露红时较好。施药过早病虫害没有出蛰，达不到应有的效果；施药过晚，嫩芽、花蕾可能受病虫为害，而且容易产生药害。化学清园可以减轻腐烂病、干腐病、轮纹病、炭疽病以及红蜘蛛、介壳虫等病虫害的发生。化学清园一般用5波美度石硫合剂，既可以杀死各种病菌，又不会烧伤果树。喷洒石硫合剂时要从上到下，从里到外彻底喷洒。把每个树枝和树体各个部位都喷上石硫合剂，全树喷湿，以全树所有树枝都滴水珠为宜。

3～5波美度石硫合剂药液只能在休眠期喷施，严禁发芽后喷施，否则产生药害。

## 三、萌芽肥水

春季萌芽、抽梢、开花需水较多，此时如有春旱，要及时浇水。既可促进春梢抽生，增大叶片，提高开花势能，还可以推迟物候期，减轻倒春寒和晚霜的为害。

## 四、起垄覆膜

选择黑色地膜，地膜厚度0.008mm以上，质地均匀，膜面光亮，揉弹性强。黑色地膜具有抑制杂草、使用期长、覆盖后土温变幅小、对萌芽开花物候期没有影响的特点。地膜的宽度应是树冠最大枝展的70%～80%，因苹果树的吸收根系主要集中的此区域内，膜面集流的雨水可蓄藏在此区域。

### 1. 划线

起垄前，首先根据树冠大小和选择的地膜宽度划定起垄线。起垄线与行向平行，用绳子在树盘两侧拉两道直线，与树干的距离小于地膜宽度5cm。

### 2. 起垄

垄面以树干为中线，中间高，两边低，形成梯形，垄面高差10～15cm。然后用集雨沟内和行间的土壤起垄，树干周围3～5cm处不埋土。

### 3. 平整垄面

用铁锨拍碎土块、平整垄面、拍实土壤。

### 4. 覆膜

要求把地膜拉紧、拉直、无皱纹、紧贴垄面；中央地膜边缘最好衔接，用土压实；垄两侧地膜埋入土中约5cm。

**5. 挖集雨沟**

沿行向挖深、宽各30cm的集雨沟，每隔2～3株树在集雨沟内修一横档。在集雨沟内覆盖麦草或玉米秆等秸秆，厚度高出地面10cm。

## 五、春季修剪

**1. 虚旺枝分道环割**

环割时，应每隔5～6个芽，环割一道。把5～6个芽段的营养集中供应环割口下的1～2个芽，使之由弱变强。防止环割过重，造成死枝。

**2. 特旺枝促发牵制枝**

在特旺枝条、粗壮旺枝基部留2～3芽进行环割，促使割口后面萌发出1～2个枝条，通过萌发枝条的生长，达到牵制本枝的旺长，以求平衡稳定成花结果的目的。虚旺枝上不能采用牵制的方法。

**3. 细小虚旺枝破顶促萌转枝**

对于15cm以下的细小虚旺枝掰掉顶芽，对于较长的细小虚旺枝掰掉顶芽后进行转枝。

**4. 多年生光腿枝**

每隔20cm进行多道环割。

**5. 刻芽**

刻芽可分为芽前刻和芽后刻。刻芽多用于萌芽前，刻芽早，出长枝，刻芽晚，出短枝，但刻芽过早，易引起风干抽条。一般在萌芽前7～10天进行。多用于培养树形、偏冠缺枝、抑制冒条、均衡长势、促进成花、减少光腿。刻芽应在萌芽率低或成枝力低的品种上进行。主要在富士系、元帅系等生长强旺、萌芽率较低的品种，或某些品种的个别株、枝上进

行。弱树、弱枝不要刻，更不能连续刻。刻芽要和枝组培养相结合。刻芽应从一年生树抓起，在一年生枝上刻芽效果最佳。刻芽部位应在枝条中部芽上进行，一般基部10cm以下和梢部30cm以上不刻。需刻芽的枝条，在上年秋季拉枝，效果最好。

（1）芽前刻。阻碍了营养继续向上运输，使芽子获得更充分的根系提供的营养，促进芽子萌发的作用。在芽子上方0.2～0.5cm处，用刀横切皮层，深达木质部。促其抽生长枝多在苹果萌芽前30天进行，促其抽生短枝多在苹果萌芽前7天进行。如促其抽生长枝，应遵循早、近、长、深的原则，萌芽前一个月早进行，刻处离芽要近，芽子上方0.2～0.5mm，刻伤长度应是该处周长1/2以上且深达木质部。如促其抽生短枝应遵循晚、远、短、浅原则，发芽前几天进行，刻处距芽在3cm以上，长度占该处周长1/3以内且只刻伤其皮层。多用于幼树、骨干枝延长枝的定向发枝和光腿枝；长的发育枝可以运用连续刻和间隔刻诱发短枝。

（2）芽后刻。阻碍了营养向芽的运输，有抑制背上芽不萌发的作用。在背上芽的下方0.2～0.5cm处，用刀横切皮层，深达木质部，这样可以背上不冒条。

（3）芽前刻+芽后刻。可以控制芽子萌发后形成枝条的类型。在芽子萌发前进行芽前刻，待枝条长到理想长度后，进行芽后刻。多用于中短结果枝的培养。

（4）旺枝刻芽，虚旺枝分道环割，较长的可隔4～5芽转枝。

注意事项：刻刀应专用，并经常消毒，以免刻伤时造成感染枝干病害。刻芽后伤口增多，应加强病虫害防治。

## 六、拉枝转枝

拉枝是人为地改变枝条的生长角度和分布方向的一种整形

方法。多用于培养骨架结构、合理分布枝条、改善通风透光条件、改变枝条极性、调整枝条枝势、促进或抑制枝条生长、调整果树生长与结果的关系等方面。

**1. 拉枝时期**

一年四季均可进行，以秋季最好。秋季正是养分回流期，及时开张角度后，养分容易积存在枝条中，使芽体更饱满，可促进提早成花；背上不会萌发强旺枝；秋季枝条柔软，也容易拉开；秋季拉枝后，为翌年的环割促花做好了准备，若春季拉枝后随即环割，则枝条易折断。

**2. 拉枝角度**

当前的密植树形均要求以110°为宜。在顶端优势、垂直优势及芽的异质性共同作用下，随着拉枝角度的逐渐加大，枝条的营养生长慢慢变弱，结果能力逐渐加强，到110°时达到一个平衡点，结果性状最好。而营养生长还足以维持结果所需的养分，如果角度再加大，则营养生长进一步减弱，结果反而受影响。如果角度再小点，则结果性状未达到最佳。拉枝到110°，结果性状最好。在实际生产当中，拉枝到110°还要结合地理状况、肥水条件、枝条营养水平、上年结果情况等因素判断。枝势较强的枝条，拉枝角度就比110°稍大一点，如果较弱，拉枝角度就比110°稍小一点。

**3. 软化枝条**

目的防止折枝和拉劈。多采用一推、二揉、三压、四定位的手法。

较细的枝。对径粗3cm以下的枝用左手握住枝杈处，右手握住枝基部，渐用力向左、右扭70°～90°，向上、向下弯曲几次。较粗的枝，可用杈子顶住枝的基部（或坐在地上用脚蹬住枝的基部），用双手逐渐用力向下拉枝，反复拉3～5次即

可，再拉到要开张的角度。

4. 拉枝

要抗风化能力强，能维持3个月以上拉枝材料。系绳时，最好系活套，待枝子固定后要及时解除，严防拉绳嵌入枝条之中。用较细的铁丝或绳拉枝时，要加护垫。地下固定要牢固，防止因浇水或下雨使拉绳反弹。不要采取“下部抽楔子”或“连三锯”等不良开角法，因造伤后不易愈合且易感染病菌。万一拉不够角度的不要强拉，以免折断。可以用“连三锯”开角，要用净塑料薄膜包严锯口，促进伤口愈合。温度越高拉枝越易，既省工又利于果树生长，气温低于8℃以下不要拉枝。背上稳定的小枝不要拉，以免背上光秃，日灼成伤。

生产中拉枝存在的问题：拉枝时，缺乏整体树势的把握和调整，下部旺、上部弱，上部旺、下部弱，整树旺的情况下，都用一种角度；不分枝势，统统拉下垂。不能按以势定法的原则，抑强促弱，弱枝斜向上，中庸枝拉平，旺枝向下垂，而是见枝就拉，统一下垂，弱小枝比强旺枝角度拉的大，致使结果壮枝变弱，弱枝更弱，旺枝势难缓和，树势极不平衡。拉枝的时间、力度把握不好，不是过度就是不到位。枝本来粗大势旺，应该拉重点，却拉得轻，枝细势弱角度应小或弱枝还要上吊恢复势力，却拉得很大。拉枝角度不对，枝拉得平平的，背上冒条严重；没有将竞争枝势力大的枝条拉下，反而将已稳势成花或弱枝拉下了；拉枝部位不正确，不注意基部开角后，再拉下垂，造成弯弓射箭，在弯弓处冒出许多长枝；一绳多枝。不少果农，图省事用根绳子拉几个枝或把几个枝捆在一起拉，人为造成密闭；只拉不管，缢伤严重，是果园存在的普遍问题。春季拉技，经过夏季加粗生长，绳子长进枝

内，造成缢伤，不及时检查松绑，造成皮层受损，重则从缢伤处折断。

## 七、土壤处理

在害虫出蛰前进行土壤处理。用48%毒死蜱乳油500～800倍液喷洒树盘，然后进行中耕，再用铁耙耙平，使土壤与药液拌均，起到防治越冬害虫的作用。

## 八、胶带药环阻隔

苹果萌芽前，在主干上光滑部位用刮刀刮去宽度大于5cm的一圈粗皮，然后在中间涂抹上一圈约3cm宽的配制的农药膏，再用宽约5cm的胶带缠绕两圈，形成内药外膜环。

## 九、花前复剪

适用于过旺适龄不结果树，冬季除了对骨干枝冬剪外，其他枝条推迟到发芽后再剪，缓和枝势。对于花量过多树，短截一部分中长花枝、缩剪串花枝、疏掉弱短花枝。对春季萌发的无效萌蘖进行抹除。对萌芽力高，成枝力低的品种进行短截，促发生枝。疏除剪锯口下，主枝背上过多的萌蘖或枝条。

## 十、花前土肥水

主要工作步骤；施肥→浇水→中耕。

### 1. 施肥

在4月上旬至4月中旬（萌芽前一周）一般追尿素加磷酸二铵肥，混合比例为1∶1。幼树施肥量为300g/株，初结果树施肥量为1kg/株，盛果期树施肥量为2kg/株。在树冠外围挖若干

个深20cm的施肥穴，每穴施入50g混合肥，然后覆土。果树复合肥以氮磷钾比例为2：1：2为佳。

### 2. 浇水

施肥后应马上浇水，以促进根系对肥料的吸收。施肥后，长时间不浇水或一个施肥穴中施入化肥量过大，都会造成“烧根”现象的发生。落水后，及时进行中耕。

### 3. 行间生草

生草果园要在果树行间开浅沟播种绿肥，以三叶草、美国黑麦草为主，与禾本科绿肥混种。树盘覆盖秸秆或黑色地膜。

### 4. 花期不浇水

开花时，气温增高，雨水少、气候干燥、风大、蒸发量大，根系开始活动，需水量较大。此时浇水后，地温急剧下降，土壤透气性变差，水分运输阻力变大，根系的吸收水分能力降低，而树体散失水分量不变，反而加重了树体缺水，形成果树的生理性缺水。根系的吸水能力降低，水分中的养分也会供给不足，这样就不能满足开花坐果的需要，引起花朵大量脱落。因此，在花前要浇花前水，施足花前肥。苹果最适的含水量是60%～80%，当含水量低于60%时就要浇水，不要等到叶片萎蔫后，再浇水。叶片萎蔫了，根系就受到了伤害。

## 十一、防霜冻

### 1. 春季灌水

萌芽前后至开花前浇水一次，降低地温，延迟物候期，土壤中含水量提高，使地温下降，可延迟开花3～5天。

### 2. 树干涂白

树干涂白既可防治病虫害，还可以减少吸收太阳的热量，

可延迟开花3～6天。涂白的重点是主干、主枝和各级骨干枝。

**3. 果园熏烟法**

在苹果树开花期，要留意天气预报，当温度降至0°以下时，当晚要在果园进行熏烟。

霜冻前一天黄昏，在果园内每隔一定距离，堆放由麦秸、杂草、锯屑或枝条等分层交互堆起的草堆，草堆外覆盖一层薄土，中间用木棒插孔，以利点火出烟。一般每亩果园应燃放4～6个熏烟堆，每个熏烟堆不高于1m，重量不低于20kg。

果园熏烟时间一般从24时或3时气温降至0°时开始点火。点燃熏烟堆闷火熏烧，散发出大量烟雾，在果园就会形成一层烟雾带。至到早晨太阳升起后为止。烟雾可减少泥土热量的辐射散发，增加近地层空气中的热量。同时烟粒吸收湿气，使水气凝结成液体而放出热量，提高气温。又可减缓果园近地面冷空气的下沉聚集，减缓果园散热降温进程。

**4. 药剂防冻**

在果树萌芽开花前2～3天，向树体喷施植物抗寒剂。喷施低浓度的乙烯利或萘乙酸、青鲜素水溶剂，抑制花芽萌动，提高抗寒能力。

有条件的果园在四周安置大功率鼓风机，吹散冷空气，减轻霜冻。也可以在果园内放置加热器，霜冻来临前进行加热，形成暖气层，也可起到防霜的效果。

发生霜冻以后，在第二天及时喷芸薹素等生长调节剂来缓解冻害。立刻停止疏花工作，花后两周后，据坐果情况进行疏果。如果花未开放的，可进行人工授粉和果园放蜂，提高坐果率和产量。还要进行叶面追肥，加强土肥水管理，保证营养，使树势强健。

## 十二、疏花序

在花期天气好，坐果可靠的地区，可以以花定果。疏花时一定要狠心，一步到位，减少营养浪费。在天气不良，坐果不稳定的地区，可以轻疏花或不疏花，晚定果。开花坐果及幼果细胞分裂主要靠树休贮藏的营养来决定，尽早疏除多余的花果，减少无谓消耗，把养分全部集中到应留的花果上，才能长成大果。所以早疏比晚疏好，疏蕾比疏花好，疏花比疏果好。

**1. 方法**

花蕾露出时，用手指将花蕾自上向下压，花梗即折断。

**2. 时间**

苹果初花期为4月中下旬，花期7～10天，疏花要求越早越好。采用距离法，每隔15～20cm留一个花序。壮树壮枝距离近些，弱树弱枝距离远些。疏除弱花序、长果枝顶花序、萌动过迟花序、枝杈间花序。

**3. 花序整体布局**

树冠内膛和下层多留，外围和上层少留；辅养枝多留，骨干枝少留；骨干枝中部多留，下部少留；背上枝多留，背后枝少留；花多弱树少留。

**4. 疏花顺序**

先上后下、先内膛后外围、先疏腋芽花和畸形花后疏顶花芽花。在操作中按枝序循序渐进，防止漏疏。

**5. 注意事项**

疏花时注意要留下叶子，不要连花带叶全部摘除。这部分叶展叶早，可早期形成叶面积。开花期不能喷施任何农药，以避免出现药害。花期遇雨或有风害时应不疏。四周空旷的小型

果园可以不疏花，以保证有足够的坐果量。

6. 化学疏花

具有省时、省工、省力、成本低的特点，国内正在试用。疏花剂常用的是0.2%二硝化合物溶液或0.2%～0.4%石硫合剂，在盛花期喷施效果好。也可使用萘乙酸钠、萘乙酰胺、乙烯利等。

## 十三、花序分离药

从中心花开始露红到花序分离初期是喷药的最佳时期，过早影响防治效果，过晚喷药对花蕾的不安全因素增多，影响蜜蜂授粉，降低防治效果。此次喷药是全年病虫害防治的最关键的时期，主要防治腐烂病、轮纹病、白粉病、卷叶虫、叶螨、蚜虫、潜叶蛾、金龟子、霉心病、锈病、早期落叶病等。

在花序分离期喷40%氟硅唑4 000倍液或40%腈菌唑乳油6 000倍液+1.8%阿维菌素3 000倍液，或25%丙环唑2 000倍液+12.5%噻螨·哒螨灵1 500倍液或螺螨酯2 000倍液，或43%戊唑醇2 000～2 500倍液+35%氯虫苯甲酰胺1.25万倍液。

如果山楂叶螨、苹果全爪螨基数过大时，可用5%唑螨酯1 000～1 500倍液和10%四螨嗪3 000倍液。防治白粉病可用5%乙唑醇微乳剂1 000～1 500倍液和36%甲基硫菌灵悬浮剂800～1 200倍液；防治霉心病可用5%多抗霉素水剂；防治绵蚜可用40%毒死蜱；防治害虫可视情况加入1.8%阿维菌素或10%吡虫啉。补硼时可选用流体硼或微络硼。可在配药的同时配上5%的优质尿素，既可补充营养，也可以提高抗冻能力，还可以促进细胞分裂，减轻后期裂果。

从中心花开始露红到花序分离初期是许多病虫害的防治关

键期。蚜虫越冬卵开始孵化，进入盛期；卷叶蛾的越冬幼虫出蛰的盛发期。金龟子成虫出土为害，此时防治可降低盛花期为害水平；山楂红蜘蛛、二斑叶螨越冬成虫出蛰产卵盛期；金纹细蛾成虫羽化在叶背产卵盛期；绿盲蝽若虫盛发期，康氏粉蚧越冬卵孵化盛期；此时期害虫的龄期整齐，没有世代重叠，对农药相对敏感，防治效果良好。白粉病的菌丝体大量传播为害期；霉心病的病原菌侵染花器，随柱头进入果心；锈病开始在果园中传播，侵染叶片；黑点病和红点病的真菌性病原传播侵染花器；斑点落叶病开始侵染新叶。此时也正时补硼的最佳时期。

注意事项：

一是用药时间必须掌握准确，在中心花开始露红时喷药，花序完全分离时停止用药。

二是此时正值开花期，药剂产品质量一定要过关，溶解性要好，纯度要够，杂质少。不要用产品安全性不好的药剂。

三是药剂的使用剂量要准确，并要进行二次稀释，防治效果才能更好。

四是配制的药液要现配现用，不可以久放后，再施用。

五是选择在晴天的上午露水干后或16时后喷药，避免正午或大风天气时喷药。

六是雾滴要细，不可将药枪调到一柱水，一柱水喷药易发生药害，也伤嫩叶。从下往上喷，重点是喷叶背，叶背是害虫的隐蔽场所，也是多数病原的侵入点，且叶背吸收药液能力好。

## 十四、人工授粉

### 1. 采花

在大蕾期采集适宜授粉品种花瓣已松散而尚未开放的大铃

销花，也可以采集多个适宜授粉品种的花蕾组成多个品种的混合花粉。选择花粉量大的适宜授粉品种，结合疏花序。一般每25kg鲜花可产生花药2.5kg，干花粉0.5kg，能满足20～30亩盛果期树授粉需要。

2. 制粉

在室内，及时将花蕾倒入细铁丝筛中，用手轻轻揉搓掉花药。用簸箕簸一遍搓下的花药，去掉杂质。将花药均匀摊在光滑的纸上，温度保持在22～25℃。1～2天后花药即裂开散粉，然后收集起来，将花粉过细筛，去除花药及杂物。按花粉与填充剂（干燥淀粉或滑石粉）比例为1∶5混合均匀，装入暗色瓶内，最后放于0℃以下的冰箱里贮藏备用，切忌在阳光下暴晒花粉。

3. 授粉

以花朵开放的当天授粉坐果率最高，苹果花的柱头接受花粉最适期为开花的当天至第3天，以后渐次减弱，开花5天以后授粉能力大大降低。就一株树而言，在全树25%的花开放时开始人工授粉最合适。选天气晴朗、无风或微风的时候进行。授粉适宜气温为15～20℃。

（1）点授法。花粉瓶用细绳系在手指上，用毛笔、纸棒、带橡皮的铅笔或香烟咀蘸花粉直接点涂到柱头上。每蘸一次可点4～5朵花。花量大的树，间隔15cm点授1个花序，每花序点授第三、第四序位花较好。也可用喷蚊蝇的小喷壶喷授。此法节省花粉，授粉效果好，但费工。

（2）掸授法。盛花期，竹竿上绑一个长鸡毛掸在授粉品种和主栽品种之间交替滚动，也能达到授粉目的，最好在盛花期用此法授粉2次。此法简单易行，速度快，适于品种搭配合理的苹果园。

（3）抖授法。将花粉和填充剂按1：20混合，装入尼龙纱袋，绑在长竹竿顶端，于盛花期在主栽品种树上抖动，散出的花粉用于授粉。此法授粉速度快，省工。

（4）机械喷授法。1份花粉加入100倍填充剂（如淀粉、滑石粉等），充分混合，可用喷粉器授粉。此法授粉速度快，省工。

花期放蜂：花期放蜂有利于授粉受精，可明显提高坐果率。初花前3～5天开始放蜂，每亩释放壁蜂200～300头。放蜂期间严禁使用任何化学药剂。

（5）花期喷肥。选择晴朗天气，一天中应在10时前，16时后，以凉爽湿润条件下喷洒为宜。喷洒1～2次0.3%尿素液或硼砂液。还可以结合喷果形剂，苹果果形剂使用浓度为500倍，第一次在中心花全部开放时，第二次在第一次喷后15～20天。霉心病严重的果园，可喷洒1次80%代森锰锌可湿性粉剂600～800倍液或70%甲基硫菌灵可湿性粉剂1 000倍液。

## 十五、药剂涂干防蚜

花后主干轻刮老皮，以刚露白为宜，长度在20cm以上，涂刷上适量药液后，用报纸包扎，可有效控制绵蚜、瘤蚜。注意刮皮不要过重，防止烧树。

## 十六、花后喷药

连续喷施3～4次促进幼果表皮细胞发育的硼肥+螯合钙1 000～1 500倍液，或果蔬钙肥1 000～1 500倍液，间隔10～15天，防治苦痘病。

谢花后第1周。

病害：霉心病、白粉病、锈病、褐斑病、炭疽病、轮纹

病、斑点落叶病、苦痘病等。

虫害：卷叶蛾、潜叶蛾、蚜虫、叶螨、梨星毛虫、绿盲蝽等。

药剂：75%代森锰锌水分散粒剂800倍液或70%甲基硫菌灵可湿性粉剂1 500倍液+25%吡虫啉5 000倍液+25%三唑锡2 000倍液或喷70%丙森锌600倍液或43%戊唑醇5 000倍液+2.5%高效氯氟氰菊酯乳油2 000倍液或35%吡虫啉4 000倍液+25%三唑锡2 000倍液。如花期遇雨或白粉病严重可用70%甲基硫菌灵600倍液或10%苯醚甲环唑水分散粒剂2 500倍液+10%多抗霉素可湿性粉剂1 000倍液。

谢花后第3周。

与谢花后第一次用药间隔8天。

叶面追肥与喷药相结合，在补充磷和其他微量元素时效果明显。喷后15～120min内被叶片吸收，10～15天叶片对肥料的反应明显，以后逐渐减弱，是一种简单、省事、见效快的施肥方式。多用0.3%～0.5%尿素溶液、0.3%～0.4%磷酸二氢钾溶液、0.3%～0.5%硫酸钾溶液。喷洒时间最好是晴天的10时前、16时后或阴天进行，这样有利于吸收。应避开高温时间段，此时水分蒸发快，吸收效果差，易产生肥害。在喷洒时要细致周到，注意喷叶背，叶背气孔多有利于吸收，有茸毛，使溶液存留时间长，也就延长了吸收时间。喷洒量要充足，以溶液将从叶片上下滴为宜。

## 十七、花后肥水

花后15～20天，是苹果需水中最重要的一次。树体贮存营养基本消耗，根系开始活动是一个水肥管理的关键时期。此时的营养状况关系到未来的果型和果个，这是因为此时正值果肉细胞分裂期。

## 十八、疏　果

### 1. 疏果目的

就是疏除多余的、不合要求的果，最大限度地减少树体养分消耗，集中养分供给留下来的果实，以达到高产、优质、高效的目的。通过疏果，可以调节大小年，达到稳产、高产、树体健壮的效果。

### 2. 时间

理论上认为要分两次进行，包括疏果和定果。在灾害性天气少的地区，大多一次完成。从花后一周开始，到花后四周结束。

### 3. 疏、留果类型

疏除花萼外翻果，留果型端正，花萼直立内拢的果。内膛基部10 ~ 15cm或外围梢头20cm不留果，枝条中后部多留果。疏除畸形果、病虫果、圆形果，留高桩、圆桶、长形果。疏除没有果台副梢的果，留有果台副梢果。疏除莲座叶片小的果，留莲座叶片大的果。疏除背上朝天果、腋花芽果、双果，多留平斜枝、两侧枝、下垂枝、中短果枝的中心果。及早疏除病虫果、霜冻果、机械损伤果。

### 4. 疏果分类

分为人工疏果和化学疏果，目前以人工疏果为主。人工疏果费工、费时，但精细化程度高，可以精准控制果的去留，有利于提高优果率。多采用距离定果法。按照先上后下、先内后外的顺序进行，作业时要保护枝叶不受损伤。也可以按照树的发枝顺序进行，不漏一枝一果。化学疏果省时省工，但效果受许多因素影响，技术要求高。主要药剂有生长素疏果剂、杀虫剂疏果剂、钙化物类疏果剂等，在盛花期后的两周喷施。

**5. 留果量**

要根据品种、树龄、树势、管理水平、产量和质量等情况综合考虑，管理水平高，树龄小、树势强可多留，反之少留。可按距离定果，弱树大果20～25cm留一果，壮树小果15～20cm留一果。也可按叶果比定果，弱树大果50片叶留一果，壮树小果30～40片叶留一果。还可以按产量进行定果。

**6. 疏果方法**

用疏果剪从果柄处剪除。留果柄长而粗，萼端紧闭而突出，果形长的幼果。定果距离为20cm/果。要留中心果，中心果易长成高桩果、大果。壮树多留，以果压冠；壮枝多留，弱枝少留。忌用手拉拽，以免弄伤果台副梢。幼果不足时可以留双果。

### 十九、悬挂物理防治器械

悬挂诱虫灯、糖醋液性信息素、诱捕装置和诱虫板。

## 第二节　夏季管理

### 一、夏季修剪

夏季修剪的目的是控制旺长，节约养分、人工促花。夏剪在生长期进行，以5—8月最佳，过早，不利于树体生长，过晚，不利于成花。

**1. 开张角度**

5月中下旬，对未拉枝的幼树、或拉枝不到位的初果期树骨干大枝按照不同树形的要求，拉至90°～110°。一年生枝也可以利用开角器来开张角度，使结果部位合理地分布在骨干枝

上，错位着生。

撑枝：将生长直立的或角度小的枝，利用棍棒或较大辅养枝，将其撑开的方法。

拉枝：拉枝是时间多在芽子刚刚萌发和8—9月，在8—9月拉枝效果最好，5月下旬也可进行拉枝。对于密植园拉枝是不分时间段的，只要枝条到了标准长度，就可以进行拉枝。8—9月枝条柔软，可塑性好，拉后角度易稳定，背上不冒条，促进营养积累和花芽分化，停长早，芽体饱满，翌年易发中短枝，易成花。材料可用布条和耐老化的塑料绳。捆绑时，要防止缢痕出现。地下的固定桩要大，埋得要深一些，砸实，拴牢，防止因浇水和雨后拔起，影响拉枝效果。等到枝条角度固定后，要解除拉绳。在用铁丝或粗绳拉大枝时，在枝上要垫厚纸片或木片，防止铁丝嵌入枝内。也可以利用重物对枝条进行坠、压，使其角度变大，起到拉枝的效果。

**2. 疏枝**

对直立枝、徒长枝、过密枝、竞争枝从基部剪除，减少营养消耗，疏除或回缩多年细弱枝，调整枝的空间分布，创造良好的通风透光条件，有利于集中营养，提高花芽质量。剪除多头梢、病虫枝梢、过多过强果台枝。

**3. 摘心**

首先摘取新梢尖端1cm左右，然后再摘掉顶端的3～5片嫩叶，这样有利于形成中短枝和促进成花。摘心最适宜的时间是5月中旬、7月中旬和9月中旬进行。选择生长比较细弱的新梢、健壮但生长势过旺的新梢和挂果强枝的背下枝和两侧枝进行摘心。

摘心起到均衡树势，促进花芽分化的作用。通过摘心旺长的梢头停止了生长，营养就会供给到生长势弱的枝梢上，从而

树势更加均衡。梢头停止了生长，营养就会供给到腋芽，腋芽获得了充足的营养，有一部分就会膨大，形成花芽。

4. 拿枝

对一年生或多年生的直立枝，在夏季进行枝条软化时，可进行拿枝。一手握住枝条的前部，另一只手握住枝条的后部，慢慢用力向下弯曲枝条，以木质部发出轻微的断裂声为宜，逐步由内向外移动。对较粗的，角度不开张的骨干枝进行拿枝时，一定要两手配合，切不可用力过猛，造成劈裂。拿枝具有缓和枝势，增加养分积累的效果，对提高枝条翌年的萌芽率，促进中短枝的形成、促进花芽分化有重要作用。对于不能按时停长的一年生长枝在普通枝正常停长前10天进行拿枝，转枝，使之下垂，以缓和长势，促进成花。初结果树或背上旺梢可在基部转枝造伤后拉枝下垂固定。

5. 扭梢

当新梢长到20cm左右时，在新梢红、绿交界处，右手把上部嫩梢向下方扭转90°~180°，使枝条下垂，可阻碍养分和水分的流动，削弱生长势，促使花芽的形成。多用于辅养枝，一株树被扭梢的数量控制有20~25个。

6. 环割

在辅养枝的基部，利用环割剪环割一圈，深达木质部，如果树势旺而且多年结果少或不结果，可以连割2~3刀。5—6月环割是促进花芽分化和幼树提早结果的有效技术。环割时，一定要使割口与枝条垂直，不可斜割，以免造成过大，出现当年不能愈合，出现死枝。

7. 环剥

一般用于幼树、多年不结果树或已被确定为辅养枝的旺枝，可有效积累营养，促进花芽分化。用刀在枝条的基部

5～10cm处，找一光滑部位，切割皮层两圈，深达木质部，两刀口间距为枝粗的1/10，一般宽0.3～1cm，去掉皮层，不要伤及形成层，立即对伤口进行包扎，不可涂药，经常检查愈合情况。

## 二、果实套袋

果实套袋是生产无公害水果的必须措施，果实套袋不但可以有效预防病虫对果实的为害，减少农药次数，而且还能降低农药残留；无枝磨，无鸟伤虫伤，促进果实着色，减少果锈，果面干净，提高果实的商品性。

具体步骤：套前喷药→套袋→打封口药。

### 1. 套前喷药（谢花后第三次用药）

套袋前喷药既要杀虫、杀菌效果好，又要对果面的刺激小。在幼果期的苹果果面十分幼嫩，对药物反应比较敏感，如果此期选用含有硫、砷、铁、铜等金属类农药、有机磷杀虫剂和劣质的渗透剂、增效剂等，极易刺激果面，形成果锈；同样，处在幼果期的果实生长发育比较活跃，呼吸旺盛，如果使用含有苯、甲苯、二甲苯等助剂的乳油型农药，还会堵塞呼吸孔，使幼果的果点变成小黑点。可使用悬浮剂、微乳剂、水剂、水分散粒剂、可分散粒剂、干悬浮剂、水乳剂、可湿性粉剂。苹果套袋前，慎喷硫黄制剂，含有硫黄的代森锰锌、多菌灵、甲托等，往往在商品名后附加F或S字样；慎喷福美双、福美胂、退菌特及其复配制剂；慎喷波尔多液及绿得保、绿乳铜、靠山、铜大师、铜帅等其他铜制剂；慎喷对果皮有刺激和污染作用劣质乳油型杀虫剂，特别是一些有机磷杀虫剂，以免引起果锈、皮孔黑点等。慎喷对果面有腐蚀作用的劣质渗透剂和增效剂，这类药剂多采用玻

璃瓶包装，应引起注意。

（1）时间。谢花后15～20天，套袋前喷腐殖酸钙或氨基酸钙一次。喷钙与套袋前喷药间隔2～3天。

（2）套袋期间是虫害、螨害的高发季节，要留心蚜虫、螨类的为害。重点防治食心虫、蚜虫、金纹细蛾、卷叶蛾、绿盲蝽、叶螨、早期落叶病（褐斑病、轮斑病、斑点落叶病等）、白粉病、炭疽病、轮纹病、苦痘病、霉心病等。

（3）杀虫杀螨剂+杀菌剂（保护性杀菌剂+治疗性杀菌剂）+优质微肥+农用水质优化剂。不但能灭掉虫菌，还能保护果面，给果树补充营养。治疗性杀菌剂可选用丙环唑、戊唑醇、氟硅唑、苯醚甲环唑、腈菌唑、甲基硫菌灵等，保护可以选用代森锰锌、丙森锌等，对于霉心病、果面黑红点比较严重的果园，杀菌剂可选用多抗霉素。杀虫杀螨剂可选用：杀铃脲、虫酰肼、吡虫啉、阿维菌素、哒螨灵等。

（4）注意事项。面积大的苹果园可喷一片套一片。最好用粉剂或水剂，乳油易加重果锈。乳油、强碱及含硫含铜的杀菌剂易破坏幼果表面绒毛。

### 2. 套袋

套袋时间的把握十分重要，过早，果柄尚末形成木质，果实没有过幼果落果期，容易造成果实频繁掉落；过迟，果实长大，果面出现黑点，已经粗糙，影响果实的商品性。

（1）套袋时间。谢花后30～45天，幼果长到拇指大小时进行。套袋过早，易折伤果柄，引起落果；套袋过晚，果面的气孔变大，易遭受灰尘虫菌侵扰而出现“麻脸”，降低果实外观品质。中早熟品种在落花后30天，晚熟品种落花后45天进行果实套袋，有生理落果的品种应在生理落果之后进行，最好在两周内完成。选择在晴天进行，以9—11时、14—

18时为宜。不要在中午高温（30℃以上）和早晨有露水、阴雨天进行。

（2）果袋选择。红色品种选择双层果袋，外层袋的表面是灰黄色，里面是黑色，内袋为红色半透明纸袋。外果袋是不透光的避光袋，让苹果在生长发育的前期一直处在一个避光的环境里，可以降低叶绿素含量，使它在摘袋受光之后更容易变红。内果袋采用半透明的红纸，可以在外袋摘掉之后，起到缓冲的作用，让苹果逐渐适应外界的光线条件，保护苹果不受灼伤，安全地进入着色期。红光对花青素的合成有着促进作用，而且在红光条件下，色素分布也更均匀。

（3）套袋。苹果幼果选定后先撑开袋口，托起袋底，让袋底通气排水口张开，向袋内吹一口气，使果袋膨起，将幼果套入袋内，果柄置于纸袋的纵向开口下端，先重叠纵向开口两瓣，再捏住对面袋口。先折叠没有铁丝的半边袋口，再折叠有铁丝的半边袋口，最后把铁丝折成“V”字形。绑口时不要过分用力，以防损伤果柄，影响幼果生长。套完后，用手往上托一下袋底中部，使全袋膨起来，两底角的出水气孔张开，让幼果悬空，不与袋壁贴附。使叶片露在果袋外。套袋顺序为先上后下，先内后外。不能半套半留。这样不便管理。

对蔫、软、异常的果实不进行套袋，可直接疏除。

（4）园内巡视，发现有果实没有套，或被风吹落，要及时进行补套。

## 三、喷洒波尔多液

波尔多液是一种保护性杀菌剂，天蓝色悬浮液，微碱性，有效成分主要是碱式硫酸铜。具有杀菌谱广、持效期长、病菌不会产生抗性、对人和畜低毒等特点。喷药应选择在晴天无风的10时以前或16时以后。与石硫合剂间隔20天以

上。阴天、有露水时不宜喷药，遇雨后要补喷石灰水，以防产生药害。在喷药过程中，要不断搅动药罐。

### 四、预防性喷药

一是保护性杀菌剂+治疗性杀菌剂+杀虫剂+杀螨剂+微肥。喷药间隔15～20天，交替使用杀虫剂、杀菌剂、杀螨剂以免产生抗药性。

80%代森锰锌可湿性粉剂600～800倍液+70%甲基硫菌灵可湿性粉剂800～1 000倍液+2.5%高效氯氰菊酯水乳剂1 500～2 000倍液+1.8%阿维菌素水乳剂2 000～3 000倍混合液，1：（1.5～2）：200倍量式波尔多液。

二是悬挂黄板、性诱剂、诱虫灯，诱杀害虫。

三是人工捕捉蚱蝉幼虫和天牛，摘除卷叶蛾虫包。

此时期的病虫害主要有轮纺病、斑点落叶病、褐斑病、腐烂病和山楂叶螨、全爪叶螨、绣线菊蚜、金纹细蛾、潜叶蛾、桃小食心虫等。此时期的病菌已进入大量孢子的形成期，若有降雨或高湿，均有大量孢子散发出来侵染果实，导致果实带菌。雨后及时喷药是减轻后期烂果的关键。6月下旬，如果降雨较多的话，斑点落叶病可大量侵染嫩叶嫩梢。褐斑病在花后即可侵染叶片，在6月中旬开始发病，多从树冠下部开始发病，逐渐向树冠的中上部扩展蔓延。进入6月后气温升高，山楂叶螨繁殖加快，前期为害严重的果园，到了6月中下旬会出现落叶现象，在麦收前后要搞好防治工作。二斑叶螨到了5月底到6月初开始上树为害，初期繁殖慢，为害不重，但要做好预防，以免成灾。绣线菊蚜在6月上旬为害比较重，一个新梢上聚集成百上千头，造成叶片卷缩，新梢生长势弱。金纹细蛾在5月下旬第一代成虫发生高峰期。6月初第三代幼虫蛀叶为害，幼虫蛀叶初期是药剂防治的关键期。5月下旬是桃小食

心虫越冬幼虫的开始出土，6月中下旬达到了出土高峰，幼虫出土与降雨有很大的关系。可以出土盛期来临前用40%毒死蜱乳油300～400倍液喷果园地面后浅中耕，耙平，树上可用菊酯类杀虫剂进行防治。苹果绵蚜发生严重的果园可喷洒48%毒死蜱乳油1 000～1 500倍液+25%吡虫啉悬浮剂2 000～3 000倍混合液进生防治。卷叶蛾和潜叶蛾发生初期，可以喷洒25%灭幼脲悬浮剂1 000～1 500倍液或20%杀铃脲悬浮剂5 000～6 000倍液。6—7月是果树落皮层形成期，前期侵染的腐烂病病菌会在落皮层上扩展，形成表面溃疡，并进一步扩展，形成腐烂病新病斑。可在新梢停长后10天左右进行涂干，间隔15天后进行第二次涂干。药剂配置为25%丙环唑乳油或40%氟硅唑乳油200～300倍液。

## 五、土壤管理

### 1. 刈割压青、中耕除草

降雨后立即按照株间清耕覆盖，行间种草的土壤管理制度及时抢墒种草，以三叶草为主，每亩播种量0.1～0.25kg，条播或撒播，播种深度1～2cm。草高生长至20～30cm时，应及时刈割，留草高度为10～15cm。也可以旱地选种绿豆、黑豆、黄豆等；水浇地选用毛苕子、豌豆等豆科绿肥。利用秸秆、麦草等覆盖树盘，覆草厚度为15～20cm。利用麦收前后草源丰富的机会，对全园树盘进行覆草。这一时期杂草生长旺盛，可刈割园内外、沟边、路边绿草，覆盖到树盘。

### 2. 中耕松土

使用微耕机对果园进行中耕松土，深度为5～10cm，以树干为基准内浅外深。注意事项：防止机器伤根，大的主根还会破坏机器。

#### 3. 除草剂除草

每亩使用18%草铵膦可溶液剂200～300ml/亩对水30～50L喷施，多年生杂草较多时可用41%草甘膦异丙铵盐水剂200～300ml/亩对水30～40L喷雾。间隔20天连用两次效果良好。最多使用两次。注意事项：除草剂不可以喷到果树叶片上或间作作物上。

#### 4. 起垄排涝

雨季来临前，从行间取10cm的表土压到行内，使行间和行内地面有20cm左右的高差，增加树冠下表土层，既可贮水保水，又能排水防涝，促进养分的吸收，避免积水成涝诱发根系病害。

### 六、肥水管理

#### 1. 花芽分化肥

6月是花芽分化的关键期，可在5月中下旬，施入硫酸钾型果树专用复合肥。初果期树40kg/亩，盛果期树80kg/亩。在树冠外围挖若干个深20cm的施肥穴，每穴施入50g化肥，然后覆土。土壤水分控制在60%左右，以促进花芽形成。

#### 2. 果实膨大肥

挂果量较大的果园，一般在7月下旬至8月下旬追施果实膨大肥，这个时期追肥能促发新根，提高叶片功能，增加单果重，提高等级果率和产量，充实花芽及树体营养积累，提高树体抗性，为翌年打好基础。施磷钾肥可提高果实硬度及含糖量，促进果实着色。促进果实膨大时，一般每亩地追施高氮高钾型复合肥40～60kg。

#### 3. 浇水

施肥后应马上浇水，以促进根系对肥料的吸收。施肥

后，长时间不浇水或一个施肥穴中施入化肥量过大，会造成“烧根”现象。

**4. 叶面喷肥**

结合喷药对果树补充钙肥、钾肥和硼肥。以促进花芽分化和幼果发育为目的，全树喷施2～3次富万钾600倍液，微补盖力1 000～1 500倍液。幼果期，细胞分裂和果皮形成需要大量的硼，缺硼直接导致果皮粗糙，严重缺硼时导致缩果病，补硼能促进钙吸收。对于中早熟品种或缺硼的富士等晚熟品种，此期还可加喷微补硼力1 500～2 000倍液等，补充营养、促进花芽分化、减轻苦痘病、痘斑病和缩果病等缺生理性病害。

## 第三节　秋季管理

### 一、秋季修剪

主要针对未能停长的徒长枝进行摘心，疏除过密枝，改善通风透光条件，有利于养分的制造和积累。对角度、分布不合理的枝条进行拉枝或拿枝。

**1. 开角拉枝**

幼树和初结果树的大枝进行开角和拉枝，拉枝角度为90°～110°。中心干、主枝上萌发长到1m的枝拉平缓势。秋季是拉枝的黄金季节，此时正值养分回流期，及时开张角度，使养分积存于枝条中，使芽体更饱满，促时成花。枝条柔软易拉开，拉枝后背上不会萌发强旺枝。

**2. 疏除**

竞争枝、萌生枝、直立枝、多头梢、病虫枝梢、过密辅

养枝，创造良好的通风透光条件。清除根蘖、萌蘖、消亡牵制枝。

**3. 初结果**

旺树可以“带活帽”修剪，促进成花，缓和树势。

**4. 拿枝软化**

在8月上旬到9月下旬，当新梢接近生长或已经木质化时，要对中干延长头下部萌发的3～5个当年生直立新梢或主枝背上枝，进行拿枝软化。具体操作：对一二年生、角度小的旺枝、一手握住枝条，另一手四指在下，大拇指在上握折枝条，从基部开始，向下弯曲按拿，以木质部发出轻微的断裂声为宜，逐步由内向外移动。切勿损伤叶片，一般经过捋枝软化后，枝条应达到下垂或水平状态，为了增强拿枝效果，最好每隔7～10天连续进行2～3次，为当年或翌年形成花芽奠定基础。

## 二、解　袋

解袋时间一般在采前一个月进行，最好选择阴天或多云天进行，也可晴天9—12时，15—19时进行，严防高温时段除袋，防止日灼。双层袋先解外袋，双手抓住外袋两个下角，将外袋撕开，使铁丝拉直，去掉外袋。内袋保留3～4个晴天后，再撕开内袋呈伞状，保留3～4天后除掉。上午除去树冠东部、北部和内膛的果袋，下午除去树冠南部、西部的果袋。

及时喷药防病补钙肥，脱袋后的苹果皮细嫩，极易感染红点病，气孔增大，导致裂口出现，加之缺钙，极易发生缺钙症等病害，并使果面出现小裂纹，降低果品的贮藏性和商品性能。因此，在除袋后应喷施1～2次杀菌剂和补钙肥，杀菌剂

可选70%丙森锌可湿性粉剂600～700倍液或70%甲基硫菌灵可湿性粉剂1 000～1 500倍液，钙肥可选用微补盖力1 000倍液或果蔬钙肥1 000～1 500倍液，间隔5～7天，如能加喷微补硼力1 000～1 500倍液或速乐硼2 000倍液效果更佳。必要时喷有机钾肥，可促使红富士苹果提前上色、着色。晚熟品种采前20天左右，喷洒硫酸钾或磷酸二氢钾（硫酸钾）250倍液，相隔8～10天再喷1次。

## 三、摘叶转果

### 1. 摘叶

解袋以后摘叶，9时以后进行。对树冠上部及外围果实的贴果叶和果实周围5cm以内的叶片进行保留叶柄摘除。果树内膛摘除贴果叶及果实周围10cm以内的叶片。最后摘除果实周围的挡光叶、小叶、薄叶、老叶、黄叶及秋梢上的叶。摘叶时必须保留叶柄，摘叶量不能超过全树的20%～30%。

### 2. 转果

解袋后7天，果实的阳面着色达70%左右时应进行转果。将果实旋转90°～180°，使果实的阴阳面交换位置，以保证原阴面也能上好色。9时以后进行，否则易产生日灼。用手轻托果实将阴面转到阳面。要顺同一方向扭转，不要用力过猛，不要左右扭转。不易固定的果可用透明胶带粘贴在枝条上。

## 四、铺反光膜

9月下旬是果实集中着色期，摘叶工作结束后在树冠下铺设银色反光膜。铺前将树下杂草除净，整平土地，硬杂物捡净。沿行向在树下铺设银色反光膜，膜要拉直扯平，边缘压实。用石块或砖块压边，禁止用土压边，以防污染反光膜。铺

后经常清扫膜面，保持干净，增加反光效果。采前1～2天收膜，清洗晾干，以后备用。铺设反光膜可以使树冠下部的果实及果实的萼洼处着色。干旱时及时喷水有利于果实着色。

## 五、果实贴字

果实的成熟期确定贴字的时间，过早贴因果实膨大，容易把字的笔画拉开，影响艺术效果；过晚果实已经着色成熟，达不到预期的目的。操作时，选用小刀将“即时贴”字样剥下，把有色一面朝外贴在果实朝阳一面的胴部，尽量使其平整不出皱折。一般1个果贴1个字，如“福、禄、寿、喜，吉、祥、如、意”等字迹或十二生肖、花、鸟、虫、鱼等图案。操作过程要轻拿轻放，以防落果。贴字苹果采收后，除去果面的贴字或图案，擦净果面，用果蜡对苹果打蜡，以增加果面光泽，减少果实失水，延长果实寿命。相同的字样，分别装箱，做好标记，或按字组或图案摆放或分装礼品盒，以方便出售。

## 六、撑枝吊枝

盛果期树因结果量大，苹果树的枝条软，易引起下垂，所以要利用带杈的木棍、线索进行撑枝吊枝。

## 七、果实采收

具体步骤：采前准备→果实采摘→果实分级→果箱入库。

### 1. 采前准备

确定采摘期，搭建贮存棚。苹果采收期的确定要根据品种、天气、市场需求、劳动力等因素。最好采用分期分批采收。不同株和同株不同部位的果实在成熟度上存有很大差

异，分期分批采收可以使晚熟小果有一段生长时间，提高了果品的质量和产量。

工作人员在采摘前准备果篮、高凳、果筐、果箱、运输工具等。

**2. 果实采摘，采用人工采摘的方法**

（1）采摘方法。用手托住果实，食指顶住果柄末端轻轻上翘，果柄便与果台分离。轻拿轻放，避免磕伤、碰伤。

（2）采摘顺序。先下后上，先外后内。

（3）采摘时间。天气清朗晨露干后到11时和16时以后。

（4）果实摘下后随即剪果柄、套网套，装入果箱搬运。

注意事项：在果篮上缝制软布或麻袋片；采果人员剪指甲或戴手套，穿软底鞋；摘果时，不宜生拉硬拽；果筐不宜装果太满；雨天，雾天不宜采摘。

**3. 果实分级**

苹果分级主要采用人工的方式，以重量、果色为主要标准，按果实大小进行分级。踢出病虫果、伤果，分别包装放入不同的果箱内。

**4. 果箱入库**

将果箱放置一段时间进行预冷，散去部分田间热，然后入库贮藏。

## 八、采后喷药

主要是防治苹果腐烂病和金纹细蛾、苹果绵蚜等，保护在采收过程中造成的各种损伤。秋季是腐烂病的第二个高发期，在增强树势的同时，发现腐烂病疤彻底刮治，并用40%氟硅唑乳油200～300倍液主干涂药处理。随即于午后全树喷布硫酸钾型复合肥300～400倍液，或富万钾500倍液+0.5%尿

素液，或0.5%原沼液，相隔8～10日再喷布1次，延缓叶片衰老，增强光合作用，增加贮藏养分，有利于花芽分化和树体安全越冬。

## 九、土壤管理，重施基肥浇越冬水

刈割压青、行间种草和防洪排涝。9月是苹果的集中上色期，适当控制水分供应（适当的“干旱”），极有利于果实的着色，提高外观质量。

秋施基肥在果实采收后进行，宜早不宜迟，施肥越早越好。秋季是果树根系第三个生长高峰，生长量大，伤根后容易愈合，还能促发新根增加吸收面积。此时温度适中，土壤含水量合适，有利于肥料的转化吸收和贮藏利用。秋季光合作用产生的营养，主要贮存于树体，补充因结果出现的树体营养亏损，可提高果树的抗逆性。也利于翌年的萌芽、开花、结果以及产量和质量。秋季施肥的效果明显好于冬春两季施肥，可增产10%～15%。

### 1. 肥料准备

准备化肥、有机肥（堆肥、厩肥、堆肥）若干，有机肥不足，可以用秸秆、树叶、杂草代替。化肥可以选择硫酸钾型复合肥6-8-16，也可选择使用配方肥。

### 2. 挖施肥沟

幼龄果园挖环状沟，成年果园挖带状，放射状沟，密植园挖带状沟。

在果冠外围挖深60cm，宽50cm的施肥沟，表土和心土分开放。

### 3. 施肥

将有机肥和化肥混合均匀后，填入施肥沟内，边填肥，边

填表土。有机肥按斤果超斤肥的标准施入，化肥用量按每100kg产量，施入尿素1.0～1.5kg，15%含量的过磷酸钙1～1.5kg，硫酸钾0.2～0.4kg。可根据土壤肥力和树势适当增减。土壤pH值低于5.5的果园，每亩施入硅钙镁肥100～200kg。

#### 4. 回填

先将表土填入沟中，再将心土填入沟中，最后踏实。

#### 5. 浇水

立即浇水，水量要充足，使根系和土壤密切接触。

## 第四节　冬季管理

### 一、采收后管理

果实采收后，结合秋剪，及时剪除病虫枝，刮除树干粗皮，捆绑草把诱集越冬害虫，收集后集中销毁，以减少虫源基数。结合秋施基肥，全园深翻，将地表的病叶、病果、杂草及越冬害虫翻入土壤深处，使其翌年不能出土为害，同时将土壤中越冬害虫翻到地表冻死或被鸟雀吃掉。寒冷地区在封冻前在果树根颈交界处进行培土，培土厚度20～30cm，翌年春季撤除。

### 二、果园深翻

果园深翻一般在11月上旬进行。深翻可以增加活土层厚度，改善土壤通气条件，增加土壤中微生物的活动能力，促发大量新根，提高根系活力，有利于养分和水分的吸收。深度从果树根颈处向外围逐渐加深，树盘内以20cm为宜，树冠外应加深到30～50cm，深翻时如遇大根，可在树冠外围切断。

## 三、树干涂白

用于幼树涂白和大树主干（特别是颈部）涂白。生石灰10kg、食盐2kg、水12.5kg、展着剂0.05kg、动物油0.15kg、石硫合剂原液0.5kg。用水将生石灰、动物油化开，倒入食盐水中，加入展着剂和石硫合剂搅拌均匀即可使用。涂白剂厚度以涂在树上不向下流，不结疙瘩，能粘到树干上薄薄一层为宜。

树干涂白可增强反光，减少树干对热量的吸收，缩小温差，使树体免受冻害。它的作用主要是防止“日灼”和“抽条”，可有效的防治轮纹病，其次是消灭病虫害，兼防野兽啃咬。

## 四、防治蛀干害虫

蛀干害虫天牛、吉丁虫等，可以用细铁丝插入虫孔中，刺死幼虫；也可以用5～10倍的毒死蜱用注射器将药液注入虫孔中，然后用泥封严孔口，这样也可以将干内有害虫毒死；往虫孔中注入适量汽油，也可以有效地杀死天牛幼虫。

## 五、浇越冬水

果园深翻后，封冻前对果园进行浇水。满足果树在冬春季对水分的需要。使土壤在冬季保持比较稳定的地温，还可以提高果树的抗寒性。越冬水不宜浇得过早，过早会推迟果树进入休眠期，易将花芽转化成叶芽，还会使封板结硬化。浇得过晚，天寒地冻，水不易在短时间内渗入地下，而出现果树冻害。应选择在夜冻昼消，没有大风的晴天进行。灌水量以水分可以渗入土壤50～100cm为宜。

## 六、常见树形

树形的整体发展方向是由高、大、圆向矮、小、扁发展。

（1）小冠疏层形。干高60cm，树冠高3m，骨干枝5～6个。第一层骨干枝3～4个，错落着生，开张角度80°～85°，其上直接着生结果枝组；第二层骨干枝2个，上下错开，插空选留，开张角度85°～90°，着生中小枝组。层间距80～100cm。株行距3m×4m，树高不超过株行距的平均数。

（2）自由纺缍形。干高60cm左右，树冠高3～3.5m，中心干上直接着生10～15个长放枝组，围绕中心干螺旋上升，间距20cm，同侧长放枝组间距40cm以上，没有明显层次。开张角度80°以上。下层主枝长1～2m，小主枝上直接配置中小结果枝组，没有侧枝。株行距3m×3m。

（3）细长纺缍形。干高60cm左右，树高3m左右，冠径2～3m。中心干上着生细长的15～20个小侧分枝，呈水平状。侧生分枝上不留侧枝，下部长1m左右，中部长70～80cm，上部长50～60cm。树冠下部宽大，上部渐小。最适宜的株行距2.5m×（3～4）m，多用于短枝型、中间砧或矮化自根砧。

（4）主干形。全树只有一个中干，在中干上，均匀着生30～50个各类枝组，各枝组的枝轴约为中心干的粗度的1/7。枝组长度因种植密度而定，一般为15～120cm不等，30～40cm的为数较多，结果后多呈自然下垂状。冠径为1～2m，下部枝组长于上部枝组。枝组开张角度为90°～120°，全树上下枝组分布丰满而不繁密。适于双矮组合，株行距（1.5～2）m×（3～4）m。

（5）“丰”字形。株行距2m×3m，每一棵果树留8个结果枝组，呈“丰”字形对称分布，水平伸向株间，行间方向不

留枝。设有支架，水平方向上拉四道铁丝，主枝固定于铁丝上。适用于矮化砧。

（6）“V”字形。株行距1m×4m，果树向行间左右两个方向呈80°斜向生长，设有支架。每一棵果树上留十几个横向结果枝组。适用于矮化砧。

## 七、基本修剪方法

### 1. 短截：剪去一年生枝的一部分

剪口要平滑，距芽子0.5cm左右。

作用：除极重短截外，对枝条局部有刺激作用，对母枝的加粗生长有抑制作用。可以促进剪口下芽子的萌发，起到分枝、延长、矮壮、更新的作用。生长期短截具有控制树冠和枝梢的作用。

用途：骨干枝的培养、小型枝组培养更新复壮、弱树弱枝复壮、偏冠树矫正、调整树势和负载量。

根据剪除枝条的长短可分为五种情况。

（1）轻短截。剪除一年生枝不超过1/4，剪口下是半饱满芽。

作用：萌发侧芽较多，多形成中、短枝条，使母枝充实中庸，长势缓合，有利于花芽形成。修剪量小，对树体的损伤小，对分枝的刺激小。

（2）中短截。剪去一年生枝的1/3～1/2，剪口下是饱满芽。

作用：萌发后形成大量的长枝，刺激母枝生长。

用途：骨干枝的延长枝、培养大型枝组、弱枝复壮。

（3）重短截。剪去一年生枝的1/2以上，剪口下是半饱满芽。

作用：萌发后形成1～2个旺枝或长枝。剪口大，修剪量

大，对母枝的消弱作用明显。

用途：枝组培养、枝条更新。

（4）极重短截。剪去一年生枝的绝大部分，基部留一两个瘪芽剪截。

作用：萌发后可以抽生1～2个细弱枝条，起到降低枝位、消弱长势的作用。

用途：徒长枝、直立旺枝、竞争枝的处理，培养紧凑型枝组。

（5）戴帽短截。剪到春秋梢交界处，用于中庸或偏弱枝促使下部出枝的修剪。实际上是一种弱化的短截方法。

**2. 回缩：将多年生枝在分枝处短截**

作用：局部促进作用更强，有助于养分向基部转移；缩短枝组的“轴”长度，使枝组紧凑；改变骨干枝的延伸方向；夏剪时缩剪未坐住果的枝，可以节约树的养分，改善树冠内光照。

用途：主枝延长头；需要分步疏除的辅养枝或过密大枝；体积过大的枝组，密度过大的枝组，枝轴过长过高的枝组；衰老树，衰弱的枝组。

根据分枝处所留分枝的壮弱可以分为两种情况。

（1）在壮旺分枝处回缩。

作用：缩短了多年生枝的长度，抬高了角度，利于养分集中，增强枝势，起到更新复壮的作用。

用途：结果枝组复壮、骨干枝复壮、全树复壮。

（2）在细弱分枝处回缩。

作用：抑制生长势的作用。

用途：控制强壮辅养枝，控制过强骨干枝。

**3. 疏除：将枝条从基部剪除**

作用：改善通风透光条件，提高光合能力，降低病虫发生机率。消弱剪口以上枝条生长势，增强剪口以下枝条生长势。剪锯口越大，消弱和增强作用越明显。对全树来讲有消弱作用。

用途：疏除病虫枝、干枯枝、并生枝、衰弱枝、兑争枝、无用的徒长枝、过密的交叉枝和重叠枝，位置过低的主枝、完成使命的牵制枝、无用萌蘖以及外围搭接的发育枝和过密的辅养枝等。

注意事项：

（1）疏除对全树影响大的大枝时，可以采用逐年回缩，最后疏除。疏除大枝量多时，可以分年分批进行。

（2）锯口要平，大锯口要涂抹保护剂，防止对口伤和连口伤。

（3）弱树不能带叶疏枝，旺树可以适量进行带叶疏枝，疏枝后的空间可以通过拉枝、刻芽补上。

**4. 长放：对枝条不剪**

作用：保留侧芽多，发枝多，多为中短枝。利于缓合枝势，养分积累，促进花芽分化，实现提早结果。枝量多，总生长量大，比短截加粗生长快。

用途：多用于中庸枝长放。辅养枝长放，加粗生长快，枝势会超过骨干枝，可以采用拉平的方式控制其枝势。长旺枝长放应结合拿枝软化、拉枝、环刻等方式来控制其枝势，长放后第二年枝势仍过旺，可以疏除缓放枝上的旺枝和强壮枝来控制枝势。

注意事项：

（1）幼树的骨干延长枝附近的竞争枝，长枝、背上旺枝

不宜进行长放。

（2）严格控制长放时间，防止幼树未老先衰。有些品种的旺枝长放易造成后部光秃。

（3）发枝力弱的品种、大年树、处于扩冠期的幼树不宜过多长放。

（4）长放后，进行适当的回缩，可培养成良好的结果枝组。

# 第五章　冬季修剪技术

## 第一节　冬季修剪

### 一、冬剪时间

温度在-13～-6℃时进行冬剪最为适宜。此时果树处于休眠状态，整体不生长，生命活动弱，对树体的伤害最小，而且此时的温度也不会对果树产生冻伤等不良影响。如果在-13℃以下进行修剪，就会产生冻害。如果温度在0℃以上并持续走高，那果树就处于生长状态了，此时修剪，对果树产生的伤害较大。在确定修剪期的时候，还要考虑到品种、树势、树龄、生长条件等因素。发芽早，成熟早的品种适当早剪；壮树早剪，弱树晚剪；成年树早剪，初结果树晚剪，旺树晚剪；土壤肥沃、灌水方便的果园早剪；阳坡早剪，阴坡晚剪。

### 二、冬季修剪前的树体观察

#### 1. 看树势

（1）弱树。一年生枝较少且短，果台副梢少、细、短，有的很难抽出；花芽形成较多，但质量差；剪、锯口愈合不理想；树皮也发红；枝条硬度小，剪上去发绵；易感染腐烂病等病害；叶片薄，叶色浅；果个小，外观不佳。

（2）壮树。枝条粗壮，节间短，花芽饱满，新梢适量，果台副梢易形成花芽，剪、锯口愈合好。

（3）虚旺树。枝条纤细而不充实，节间较长，芽不饱满，较难形成花芽；新梢较多而细，枝条贪长而积累差，秋季落叶晚，叶色较浅。

对幼树和强旺树的修剪程度要轻，以缓为主，促进花芽形成，增加结果量。而老弱树，则要以截为主，通过短截刺激发枝，使之尽快恢复树势。但对树龄较大的老化树，则要用重回缩来修剪。

**2. 看树形**

树形结合果树丰产树形，做到有形不死，无形不乱。

**3. 大枝布局**

修剪前，要先分析大枝有没有疏除或回缩的必要，判断大枝修剪后对果树的影响。修剪时按先大枝后小枝的顺序。

**4. 修剪反应**

采用某一修剪方法后，剪口附近的枝的萌芽率、成枝力、短枝率、枝条的发育状况、成花量、光照和通风的改善情况，对剪口附近枝条的促进或抑制程度。修剪后果树整体抽生枝条、结果量、树势的变化。可以看去年果树的短截、回缩、长放、疏除后的修剪反应，从而推断出今年剪后的效果，来决定今年的修剪程度。

**5. 观察花果**

在准确分清花芽的前提下，当果树花芽过多时，要多采取破花修剪，多留顶花芽，少留腋花芽、对成串花芽最多留2个，从而达到控制花芽总量和花芽叶芽比例的合理化。对于花芽少的树，要尽可能多留花芽，对没有花芽的枝组，则要重剪更新，为下年结果打好基础。

## 三、果树密植条件下的整形修剪趋势和特点

树体矮、骨架小，利于机械和人工操作，树高不超过行距，行间射影角不大于49°，冠径不超过株距，所有树形有立体小冠（如各种纺缍形、圆柱形、圆锥形、直立单干形）和扁平形小冠（如各种扇形、篱壁形等）。一般冠幅和叶幕层厚度在2～3m，树高在3.5m以下。

骨干枝数量少或没有主侧枝，骨干枝级次少，不留侧枝或副侧枝，只有中央领导干和几个主枝，层次少，如1～2层简易疏层形、开心形。

骨干枝弯曲延伸，主枝、侧枝开张角度加大，有利于控制上强下弱，促进树势稳定，结果平衡，果品质量提高。

树体向株间发展，连成树墙，形成良好的群体结构，行间留出1m的作业道，以利于光照和田间作业。

在机械化程度高的密植园，采用机械修剪，树冠变成了一定的几何图形，有利于树冠作业。

在修剪上，幼树期尽可能改以前的重剪为现在的轻剪长放多留枝，多留花芽，以利于快长树，早成形，早实丰产，并能够节省劳力和提高工效。在修剪时期上，改过去的冬剪为现在的四季修剪，尤其夏季修剪，在旺盛生长的植株上，以部分辅养枝和大枝组有计划地采取环割、环剥、扭梢、摘心、化学修剪、捋枝、开张角度等方法，能有效地促进成花结果，稳定树势和保持树形。在修剪趋势上，已从费工的细致修剪向简化修剪和化学修剪上发展，用绳子、棍子、泥球等代替了修枝剪。这为早实丰产提供了条件。

从目前看，自由直立式、纺缍形、篱笆形和棚架整枝，在未来几十年，还会有所发展。

## 四、不同时期果树的修剪特点

### 1. 幼树修剪

任务：培养骨架、平衡树势、促花早果。

（1）培养骨架。定干促使剪口下萌发出更多的枝条，从中选留、培养骨干枝。对骨干枝延长枝进行轻短截，既有一定的营养生长，又能促发中短枝。调整骨干枝方向时可以用侧芽，角度过小，可以采用里芽外蹬的方法。

注意事项：短截不宜过重，不利于早果丰产。剪口下留外芽，有利于开张角度。

（2）平衡树势。理清主从关系，防止出现弹弓叉和三叉枝采用疏、放、截的方式保证骨干延长枝的生长势。

竞争枝处理：疏除、别枝、做骨干枝延长枝。竞争枝不可重或极重短截，不可长放。

中心干过强：疏除原中心干延长枝，用弱枝当头；疏除上部旺枝，开张角度；下部多留枝条。

主枝间不平衡：抬高弱枝，旺枝开张角度。不可以只通过短截，来调节生长势。

（3）促花早果。一般枝条尽量保留，做辅养枝，培养结果枝组。背上枝可以通过拉枝培养成结果枝组。

### 2. 初结果树修剪

任务：调整树形、枝组培养、辅养枝处理。

（1）调整树形。采用换头的方法来调整骨干枝长势和角度。过高，背下枝当头；过低，背上枝当头；过弱，壮枝当头；过旺，弱枝当头。

（2）培养结果枝组。以布置侧生枝组为主，背上枝组少留，背下枝组辅助。

小型结果枝组：中庸枝先放后缩、弱枝先截后缩、结果枝

培养。

中型结果枝组：中长枝甩放、大型枝组回缩、小型枝组培养。

大型结果枝组：中型枝组培养、辅养枝回缩。

**3. 盛果期修剪**

任务：控制树高、大枝选留、调节枝量、枝组修剪、背上枝及枝组处理。

（1）控制树高。落头去顶就是树长到一定高度后，要进行落头去顶。将果树最上面的徒长枝去掉，用上面的主枝代替树头，目的是为了控制树高，防止果树疯长。落头后就解决了光照和长势的矛盾，使结果枝得到更多的营养。只有在树势中庸时，落头才能起到控制树高的作用。落头过早，往往会引起树势返旺。落头要看树势稳，旺树的头不要急于落，落早了冒条子。过高的旺树可以采用逐年落头，在弱枝处落头的方法。注意事项：不要留南面的跟枝。防止新头返旺。

（2）大枝选留。按照果树修剪的顺序首先是大枝的选留。盛果期果树的主枝和侧枝还在不停的生长，影响果树的通风透光，所以要对妨碍主枝和侧枝生长的辅养枝或在型枝组进行回缩，过密的可以疏除。

（3）调节枝量。首先要疏除枯死枝、病虫枝，这一类枝条要拿到果园外烧毁或深埋。其次并列枝要根据周围枝量的多少而决定去留。周围枝量多可以剪掉一个，周围枝量少可以任其发展。对于生长直立的枝条可以使用回缩的手法，最终剪去防止它扰乱树形。再次交叉枝根据周围枝量的多少决定，周围枝量多时可以疏除一个，周围枝量少时可以缩剪交叉枝的枝头。使两枝一上一下、一左一右的发展。最后疏除外围枝，盛果期树冠发展的速度逐渐减慢，并停止。这段

时间的工作是疏除外围枝，防止结果部位外移。内膛光照不良，应适当疏除或回缩。

（4）枝组修剪。枝组修剪的主要任务是结果枝组生长势的调整和更新复壮。

连续结果能力强的品种枝组修剪的主要任务是复壮。

长势强的枝组修剪时疏除发育枝，多留花芽。

长势弱的枝组可以采用回缩到壮枝处，疏除部分花芽，疏除前端发育枝的方法来复壮。

背上结果枝组高度不超过40cm，枝轴不超过20cm。

（5）郁闭园修剪。采用圆冠变扁冠的手法，通过重回缩和疏除的方法修成树篱状。主要工作是对行内大枝的修剪，去长留短，去粗留细、去低留高、去密留稀、去大留小。要从大年开始，第一年去掉60%的大枝，第二年去掉30%，第三年去掉10%就完成了。

**4. 衰老树修剪**

（1）回缩到壮枝处，抬高角度。

（2）利用徒长枝培养新的结果枝组。

（3）多利用背上枝，结果枝组精细修剪。

## 第二节　常见树形培养

### 一、主干形培养

培养主干形的两大关键：一是保持中干的绝对优势，中干绝对不能弱。要求中干笔直、强壮，定植后可以绑竹竿，保证中干笔直；出现中干变弱，可以对中干延长枝进行短截。二是中干上着生的结果枝枝轴粗度与中干粗度一定要拉开，枝轴绝

对不能粗。通过开张角度，使结果枝组枝轴粗度控制在中干的1/7～1/4。

**1. 主干树形及结构标准**

基于矮化砧或双矮种植，行距3.5～4m，株距1～1.5m，树高3.5m，树高为行距的90%。主干高80cm，可以形成40个左右的单轴延伸的结果枝组。结果枝组下垂，基角为110°～120°，所有主枝上配置不固定的小型枝组，单轴延伸。枝组长60～90cm。冠幅在0.9～1.2m。枝干比到了结果期控制在（5～6）：1。修剪要求两强，即树势要强，中干要直立强势。

**2. 主干形优点**

（1）成形快，结果早。一般3年成形，2年结果，4年丰产。横向枝第一年用调势手段，使当年生枝在 7 月以前自然停止生长。部分较旺枝利用夏剪手法使当年成花，翌年进入结果期。由于不进行短截，树势调整到位，短枝大量增加，树势就稳定的快。

（2）节约营养，减少浪费。减少的各级骨干枝的建造，节省下来的营养，用于结果，从而形成了早产、丰产。所生的枝条大部分被转化利用。

（3）利用下垂枝结果，适应性好。不单适合于苹果，还适于梨、桃、枣等果树，工作简单，劳动强度低，适于老人、妇女管理。

（4）光照好，易管理。产量高，品质好。

**3. 主干形缺点**

（1）固定性差，中干易偏斜。树体细而高，没有固定的骨架，横向枝组挂果后，使重心发生偏移，易出现歪树。可以通过支架来解决，但投资较大，生产成本高。

（2）横向枝组负载力差。横向枝组太粗难控制，太细负

载力差，挂果后进一步下垂，紧靠主干，影响通风透光，从而影响品质。可以利用绳子吊上，但费工费时。

（3）造伤多，树体易老化、染病。利用人为干预控制，通过转枝、刻芽等造伤措施，来完成整形。水肥好的果园影响不大，但水肥条件差的果园易形成小老树，造成病害泛滥。

**4. 定植当年管理要点**

多采用大苗建园，可参考翌年管理。对中干延长枝不短截，对基部粗度超过着生部位中干1/3的主枝，全部采用马耳斜极重短截，其余的主枝将角度开张到110°以上。发芽时抹除中干80cm以下萌发的新芽。6月中旬到7月上中旬，控制竞争新梢生长，保持中干优势。7月下旬到8月中旬，对当年生新梢开张角度到110°以上。在生长季不要出现与中干竞争枝，出现后要及时疏除或进行开张角度。

如果定植的是独干苗，定植后要进行定干，一般高度为1.2m，并保留所有饱满芽处定干。萌芽前进行刻芽，从定干处下数五个芽开始，每隔3个芽刻一个芽，一直刻到距地面80cm处。也可以涂抹发枝素进行处理，促进发枝。及时抹除中干80cm以下萌发的芽子。中干发出分枝后，新梢长到20cm时，用牙签撑开基角，使角度大于90°，这是一项很重要的措施。6月初对部分新发分枝8个叶片时进行重摘心，摘除前4片叶子，同时要摘除顶芽。7月初，进行第二次摘心。到了6月中下旬至7月上旬，分枝长到50～60cm时对分枝进行拉枝，也可以用拉枝器开张角度，最晚不能超过7月下旬。生长季要及时控制竞争性新梢生长，也要对其他的新梢开张角度。目的是为了扶正中干，解除竞争优势。枝条越粗，拉得角度越大，所有枝条都必须拉到水平以下，一般拉枝角度为110°左右。及时拉平或疏除中干竞争枝。当中干延长枝长到预定高度后，在其

上部的适当部位进行摘心处理，促发二次分枝。

利用肥水一体解决水肥的供应，使土壤含水量在60%～70%。在8月上中旬时要控制水分的供应，防止枝条徒长。9月秋施基肥，厩肥2 000kg或商品有机肥400kg。土壤封冻前浇封冻水。全园主干涂白，喷施石硫合剂。

经过一年的管理，果树高度可达2.5～3m，具有10～12个小分枝。

**5. 定植翌年管理要点**

翌年管理的重点是培养树形骨架和快速增加枝量。发芽前一个月，对中干延长枝短截至饱满芽处，并对相应的芽子进行刻芽。对中干上的主枝，长度在20cm以下的，根据其密度进行疏除或长放，对基部粗度超过着生部位中干1/3的主枝全部马耳斜极重短截，但要保留基部2～3个芽子。对中干的缺枝部位进行刻芽或涂抹发枝素。横向枝、旺枝全部刻芽，背上芽芽后刻，背下芽和两侧芽前刻。虚旺枝分道环割后再转枝，中干上横向虚旺小枝破顶促萌，过旺枝要促发牵制枝。超过15cm的枝在枝条中间进行转枝。二年生枝上要有花芽，没有的翌年冬剪时疏除。主干80cm以下的春季萌发的芽子全部抹除。中干发出分枝后，新梢长到20cm时，用牙签撑开基角，使角度大于90°，这是一项很重要的措施。5月中下旬到6月中旬，对基部粗度超过着生部位中干1/3的新梢，再次进行短截，最好是提前控制；6月初，对新发部分分枝8片叶子时进行重摘心，摘除前4片叶，同时摘除顶芽。7月初进行第二次摘心。6月1—15日，对新发中干每隔两芽涂抹发枝素，诱发新枝，控水控肥。7月下旬到8月中旬，对侧生新梢进行拉枝，角度在110°左右，对侧生新梢背上发出来的二次梢及时摘心或拿梢，控制生长。

8月上中旬控制水供应，防止枝条徒长。9月秋施基肥，厩肥2 000kg或商品有机肥400kg。土壤封冻前浇封冻水。全园主干涂白，喷施石硫合剂。

翌年的目标是果树高度达到3.0～3.5m，全树形成30个左右的分枝，两年生枝成花比例达80%。大部分形成优良短枝。

**6. 定植第三年管理要点**

发芽前一个月，进行促花修剪，疏除基部粗度超过着生处中干1/3的分枝，对于中干的缺枝部位进行刻芽或涂抹发枝素。对于中干延长枝生长量不足50cm的，可以进行在饱满芽外短截，抹除芽下2～3个芽。对于中其余分枝开张角度到110°左右，同时对一年生主枝进行刻芽或涂抹发枝素。对其他主枝进行环割，控制旺长，利于成花。顶端结果的枝组一定要保留。偏壮旺枝在发芽前促发牵制枝，在基部留2～3个芽子进行环割，或进行转枝促发。虚旺枝不可促发牵制枝，筷子粗细的可以基部环割一刀，烟头到韭菜叶粗细的可在基部环割两刀，小拇指粗细的可在基部环割三刀。

4月初滴灌肥水两次，前期多施氮肥，后期多施磷钾肥，应少量多次，每30～45天施肥一次。

5月初利用植物生长调节剂，由营养生长向生殖生长转化，促进花分化，停长控灌。每棵果树据树势留果20～30个，避免留果过多影响果树生长。

6月初，对部分新发分枝8片叶子时进行重摘心，摘除前4片叶，同时摘除顶芽。对新发中干的延长新梢每隔2芽涂抹发枝素，控水控肥。7月初进行第二次摘心。

8月上中旬控制水供应，防止枝条徒长。9月秋施基肥，厩肥2 000kg或商品有机肥400kg。土壤封冻前浇封冻水。全园主干涂白，喷施石硫合剂。

第三年目标是果树高度达到3.5～4m，中干直立健壮，全树形成40个左右的主枝，苹果亩产达到1 000kg。

**7. 定植第四年管理要点**

春剪时不再对中干延长枝进行短截，基本已达到3～3.5m，全树有40个以上的横向结果枝组和若干个着生于中干的小的结果枝组。主要任务是疏除过密枝、竞争枝、过粗分枝，同样情况疏下留上、疏大留小。注意控制上部的生长，促进果树由营养生长向生殖生长转化。如果树龄超过10年的要疏老留新。重点要放在夏剪上，主要采用摘心、拉枝、疏除等方法，调整树体结构和长势，促进花芽分化。枝组更新的方法是将横向衰老枝组从基部留桩疏除，对新发出来的一年生枝，长到一定程度之后，通过转枝、刻芽、拉枝等措施进行促花，形成结果枝组。

## 二、细长纺锤形

一般采用高定干低刻芽的方式。苗木定植当年，在距地面90～100cm有饱满芽子处定干，并在其下50cm的整形带中选3～4个不同方向的芽子，在芽子上方0.5cm处进行刻式，促发分枝。在当年9—10月将所发分枝拉平。第一年冬剪时进行短截，对成枝力强的品种，延长枝不短截。翌年春季对需要长出侧分枝的部位进行刻芽，中心干上抽生的分枝，第一芽枝做为中干延长枝继续延伸，其余侧分枝一律拉平，长放。侧分枝上的背上枝可以在夏季进行转枝和摘心加以控制，使其转化为结果枝。翌年冬剪时，对中干延长枝进行短截，疏除过密侧分枝，粗旺壮枝，竞争枝。第三年春季，对中干和侧分枝进行刻芽，促其抽生枝，拉平所有侧分枝。第三年冬季，对已达到树高的中干延长枝可进行长放不截，树势旺的可进行转头。对于

直立枝部分疏除，一部分进行拉平长放。四五年要尽量利用夏管的方法促进拉平的侧分枝结果。各个侧分枝的延长枝不截长放延伸。此时树形已基本成形。6～7年促进侧生枝结果，对结过果的下部侧分枝据其强弱进行回缩，过密的侧分枝进行疏除。

# 第六章　苹果病虫害绿色防控

## 第一节　生物防治

### 一、认识生物防治

生物防治是指利用生物或生物技术完成对病虫害的控制。它没有物理防治直接，也没有化学防治时间短、效果好，但它具有许多独特的优点。它具有持久性强、相对安全、更加环保的优点，同时也存在即时性欠缺、生物农药在使用上限制较多的缺点。

#### 1. 天敌法

主要包括保护天敌和投放天敌。我国害虫天敌资源十分丰富，如草蛉、猎蝽、瓢虫、益螨、赤眼蜂、茧蜂，还有各种菌类等。在果树种植时，由于生态环境与自然环境不同，往往造成天敌数量不足以控制害虫为害。保护天敌就是创造一个适宜天敌生存和繁殖的生态环境，果园生草法就是一个比较好的方法。此外还要注意合理使用农药，防止伤害天敌。天敌是在害虫流行后才大量出现的，平时数量少，不足以起到良好的防治效果，所以在害虫发生时，还要投放适量的天敌。

#### 2. 干扰法

主要包括两种方法。一种是性诱法，利用性信息素捕捉器，来阻止其交配，并进行诱杀。另一种是迷向法，在害虫的

交配场所，释放雌性昆虫的性激素，干扰雄虫对雌虫的方位判断，来降低交配次数和成功率。

3. 生物农药法

生物农药是指由生物直接生产的天然活性物质或直接将生物本身作农药，或根据天然活性物质经人工合成的农业药剂。

（1）微生物农药。苏云金杆菌、枯草芽孢杆菌、多角体病毒、木霉菌等。

（2）生物化学农药。几丁聚糖、丁子香酚和昆虫性诱剂等。

（3）植物源农药。烟碱、鱼藤酮、苦参碱、除虫菊、印楝素、乙蒜素等。

（4）抗生素类农药。阿维菌素、井冈霉素、春雷霉素、中生霉素等。

## 二、认识天敌

草蛉

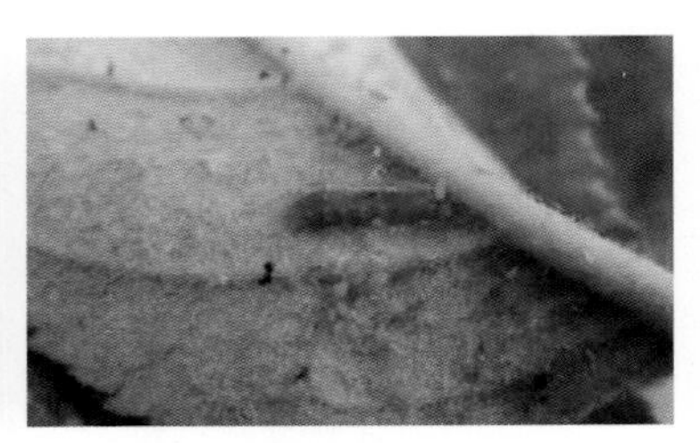

草蛉幼虫

赤眼蜂

龟纹瓢虫

七星瓢虫

瓢虫幼虫

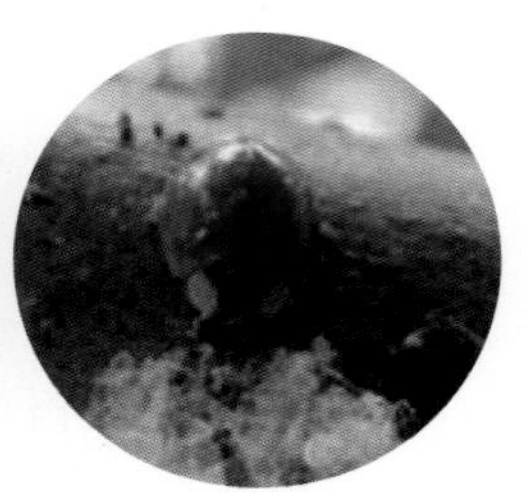

异色瓢虫

## 第二节　常用药剂制作

### 一、树干涂白剂

涂白剂的配方：生石灰5kg、硫黄粉0.5kg、食盐1.5kg、面粉0.5kg、植物油100g、水15～20kg。配制时先将生石灰和食盐分别用化开，搅拌成糊状，再加入硫黄粉、面粉，最后将剩余的水加入搅拌均匀。

### 二、糖醋液

在果树生长季，按红糖2份、食蜡8份、白酒1份、水10份配成糖醋液，盛在小塑料桶中，悬挂于果树外围树枝上，每亩放置10个左右。

### 三、性诱剂使用

#### 1. 诱芯安置

准备直径为20cm左右的小桶，再用细铁丝横穿一个诱芯置于水桶上方，使诱芯处于水桶中央位置并固定。诱芯要高于

桶口平面，以免桶中水浸泡诱芯。将小桶悬挂于果园内，高度以诱芯距地面1.5m左右为宜。最后向桶内加入0.2%的洗衣粉水溶液，水面距诱芯下沿1～1.5cm。

2. 放置密度

用于虫情预报的，可采用对角线五点取样法放置5个小桶。用于防治害虫的，放置密度要大一些，一般间隔为20～25m。山地果园或枝叶茂密的果园要多放置一些。

3. 放置时间和管理

以虫情预报用的，应在诱测对象越冬代羽化始期前放置。以防治诱杀对象为目的的，应在成虫盛发期进行放置。例如金纹细蛾应在7月上旬至9月上旬，第二、第三代的成虫盛发期放置。诱桶要每天检查一次，捞出桶中的虫体，并向桶中补充消耗水分，诱芯使用一段时间以后要进行更换。一般一个月更换1次。

4. 注意事项

使用诱芯防治害虫可以减少农药的使用次数，但不能完全依赖于诱芯防治，应将两者结合起来，才能达到理想的防治效果。在使用性诱芯时要防止对天敌的伤害。例如，金纹细蛾的性诱剂对壁蜂也有较强的诱杀作用，所以花期不能使用。

## 四、波尔多波配制

波尔多液是一种保护性杀菌剂，天蓝色悬浮液，微碱性，有效成分主要是碱式硫酸铜。具有杀菌谱广、持效期长、病菌不会产生抗性、对人和畜低毒等特点，广泛应用于防治蔬菜、果树、棉、麻等的多种病害，是农业生产上优良的保护剂和杀菌剂。主要防治果树叶、果实病害。在果树发病前喷洒，起预防保护作用。喷洒在植物体上后，会生成一层白色的

药膜，可有效地阻止孢子萌发，防止病菌侵染，提高树体抗病能力，且粘着力强，较耐雨水冲刷。

具体步骤：原料准备→配制→喷洒。

### 1. 原料准备

块状石灰、硫酸铜结晶。

鉴别硫酸铜质量的方法：

看硫酸铜的外观，含量高的硫酸铜，颗粒均匀稍带亮度，色泽天蓝色，而劣质硫酸铜颗粒粗造，大小不均，稍带绿色，并稍带杂质。

手摸法，把手插入硫酸铜中，劣质硫酸铜手背面带有大量的硫酸铜，因劣质硫酸铜含水量高，含铜量低所以容易粘在手背上。而优质的硫酸铜含水量及少，含铜量可达到98%以上，所以基本不会粘在手背上。

观查硫酸铜的溶液，高含量优质的硫酸铜融化后的溶液为纯天蓝色，而劣质的硫酸铜融化后的溶液稍带绿色。硫酸铜进口的俄罗斯产的为上品，国产甘肃白银出的最好。

### 2. 配制

用10%的水将石灰块化成浓石灰乳溶液，过滤后倒入药罐中。用热水溶解硫酸铜并过滤，在加水的同时稀释硫酸铜并注入药罐中，防止硫酸铜颗粒直接进入药罐。边注入边搅拌，直到变为天蓝色波尔多液为止。不可将石灰乳倒入硫酸铜溶液中，稳定性差，影响药效。波尔多液需随配随用，不可放置时间太长，24h后不宜使用。不能用金属容器盛放波尔多液，铁制药罐使用后，要及时清洗，以免腐蚀而损坏。

### 3. 喷洒

喷药应选择在晴天无风的10时以前或16时以后。与石硫合

剂间隔20天以上。阴天、有露水时不宜喷药，遇雨后要补喷石灰水，以防产生药害。在喷药过程中，要不断搅动药罐。

## 五、石硫合剂熬制

主要工作步骤：建锅灶→选料→熬制→贮存。

### 1. 建锅灶

建造时要两锅相连，前锅熬制，后锅烧开水备用。炉膛要大而广。

### 2. 选料

石灰应选择白色、质轻、无杂质、含钙高的优质石灰。水应用清洁的河水、井水等。硫黄要用色黄质细的优质硫黄粉，最好达到350目以上。洗衣粉以中性为好。石块以拳头大小、质轻为好。硫黄、石灰、水、石块的比例为2∶1∶15∶5，再加入总用水量0.4%的洗衣粉。

### 3. 熬制

加水：根据配置比例，在前锅中加一定量的水，后锅内加得水要多于前锅（烧开水备前锅加水，使前锅在熬制过程中保持水量不变）。

溶硫黄：盖上锅盖开始烧火，当水温达60℃时把化好的洗衣粉倒进锅里进行搅拌。接着用箩把硫黄粉均匀撒在锅里，边撒边搅拌，由于洗衣粉的作用，硫黄粉很快溶于水。

放石灰：当水温达到80℃时，立即把石灰块顺锅边放到锅里，随后把石头也顺锅边放到锅里，搅拌几下，盖上锅盖，进行熬制，并开始计时。

前大：熬制时，由于石灰放出大量的热量，水马上沸腾，石灰和硫黄开始进行反应，这时炉膛里的火应大而均匀，使整个锅沸腾，以促进反应速度。有时锅里气泡很大会溢出药液

来，掀一下锅盖，气泡就会马上破裂。因锅里放了石块，会自动搅拌，只要火候掌握得好，基本不会跑锅。

中稳：计时到15min时火应匀而稳，

后小：20min后火要弱而匀。烧火应掌握前大、后小、中间稳，始终保持整个锅沸腾。

观察：熬制25min时，应及时观察火候，当药液熬到酱油色、锅底渣子变为深绿色时马上停火出锅。如果渣子呈墨绿色，则说明火候已过，有效成分开始分解；若渣子呈黄绿色，表明火候不到，应继续加火。

#### 4. 贮存

把熬制好的“石硫合剂原液”从锅里舀出来放入塑料容器里面。

该法熬制石硫合剂口诀：慢烧火，加锅盖，加调料，放石块；先撒硫黄粉，后放石灰块，不用人搅锅，时间只一半，工序配方改，成本降一块。

注意事项：石硫合剂的原液的浓度比较大，千万不要直接用原液向树上喷洒，以防烧伤树皮。

#### 5. 稀释成5波美度石硫合剂

测原液度数→计算加水量→稀释→验证度数→喷洒。

把石硫合剂原液倒入量杯，然后把波美计插入量杯中，量出波美度。例如量杯中石硫合剂的原液是23波美度。再计算出将原液稀释成5波美度稀释液的对水量。计算方法是这样的，原液浓度除以5，减去1，就等于对水量。还以我们刚才测试的结果为例：23除以5减去1等于3.6，也就是说，将一份石硫合剂原液对上3.6份水，就成为5波美度的石硫合剂稀释液。稀释完成以后，还要再检测验证一下是否正确。检查验证的方法同测原液的方法是一样的。将稀释的石硫合剂稀释液倒入量杯，把波美计插入量杯中，量出波美度。通过检查证明，刚才调制的石硫合剂稀释液正好是5波美度，可以向树上喷洒了。如果通过检查不是5波美度，则不能向树上喷洒，还要继续进行调制，直到稀释成符合要求的度数。

## 第三节　苹果病害

### 一、腐烂病

#### 1. 症状表现

多发生于结果树的枝干，有溃疡型、枝枯型、表面溃疡型三种。

（1）溃疡型。早春发病，初期表面红褐色、水浸状、略隆起，圆形或长圆形病斑。后皮层腐烂，手压凹陷，溢出黄褐色汁液，病组织松软，有酒糟味。后期失水干缩下陷，呈黑褐色，边缘开裂，表面产生许多小黑点。在潮湿情况下，小黑点可溢出橘黄色卷须状孢子角（冒黄丝）。

（2）枝枯型。多发于2～4年生的弱枝及剪口、果台等部位。病斑红褐色或暗褐色，形状不规则，边缘不明显，不隆起，不呈水渍状。病部扩展迅速全枝很快失水干枯死亡。后期病部表面也产生许多小黑点，遇湿溢出橘黄色孢子角。

腐烂病溃疡型

（3）表面溃疡型。在夏秋落皮层上出现稍带红褐色、稍湿润的小溃疡斑。边缘不整齐，一般2～3mm深，指甲大小至

几十厘米，腐烂。后干缩呈饼状。晚秋以后形成溃疡斑。

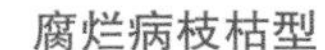

腐烂病枝枯型

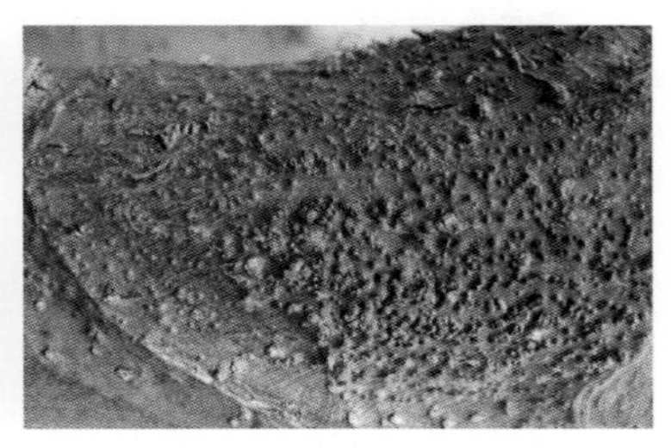

腐烂病橘黄色孢子角

2. 发病规律

苹果腐烂病1年有两个扩展高峰期，即6—8月和10—11月，春季重于秋季。苹果腐烂病的病菌会以分生孢子器、分生孢子角等形式存在于树皮内部和病枝干上越冬。在每年的3—10月，会出现分生孢子角，6—8月之后出现的会更多。6—8月是腐烂病恶化的最关键时期，孢子会利用雨水的传播，潜伏于树干的落皮层，从机械伤、病虫伤、日灼、冻害等处侵染。虽然树木在逐渐地生长，但是病菌侵入之后，假如树木具有较强的抗病力，病菌会潜伏更长的时间。与之相反，树木长势较弱就会被侵染。晚秋10—11月，树木进入了休眠期，导致抗病力下降，出现第二次发病的高峰。施肥单一，有机肥施用量不足，在治疗时病斑刮除不彻底或方法不正确，剪锯口不处理都是腐烂病盛发的原因。

3. 防治方法

苹果腐烂病的潜伏期很长，并且具有反复性，一旦染病难于治愈，在防治上要以预防为主，防小、防早，综合防治的原则。

（1）提高管理水平。通过深翻改土，增施有机肥、磷钾

肥，改变单一施用氮肥的现状，促进根系发育和树体强健，从而提高果树的抗病能力。合理的负载量，做好土肥水管理工作。秋冬季做好树干涂白，防冻害，冬季科学修剪，及时进行清园，以减少病源基数。增强树势，提高抗病性，减少菌源。

（2）喷药预防病害。对于已发生的果树要进行喷药防治。在果树结束自然休眠时，结合化学清园进行一次全面的喷药处理。尽可能铲除腐烂病病菌。药剂有3～5波美度的石硫合剂、5%菌毒清水剂500倍液、树安康等。也可在6—7月用这些药剂同样的浓度，通体涂抹树干。

（3）科学刮治病斑。苹果腐烂病要随时发现随时刮治，在发芽前、落花后和晚秋三个时期重点检查，认真对病斑进行检查，早发现早刮治，对已发病至木质部的病斑根据果树的粗细，刮面超出病健交界处，纵向超出2～3cm，横向超出1cm，以刮掉变色的韧皮组织即可，然后使用果友皮腐、菌清、0.3%树安康可湿性粉剂40倍液等进行涂抹，隔10～15天后再涂抹1次，连用2～3次，也可以使用药剂和泥巴进行密封病斑，再用塑料布包扎，彻底将病菌与外界隔离；用盐水1kg对水40kg配成淡盐水，烧开晾凉，用刷子刷涂于刮净的病斑处；用食用碱和水按1∶5的比例配制成碱溶液，用刷子刷涂于刮净的病斑处；用大蒜捣成泥，按1∶1的比例加入食盐水配制成蒜液，用刷子刷涂于刮净的病斑处。

（4）修剪防病。改冬剪为春剪，避开低温对剪口的冻害；在晴天修剪，避开潮湿天气；对较大剪口或锯口涂药保护，可涂甲硫萘乙酸或腐植酸铜或树安康。

（5）涂刷主干大枝。在6—8月使用戊唑醇、吡唑醚菌酯、苯醚甲环唑等药剂涂刷树体主干大枝，浓度为商品建议浓度的10倍。

## 二、轮纹病

### 1. 症状表现

（1）枝干被害。可以为害各级主干。初期以皮孔为中心产生红褐色圆形或近圆形瘤状物，质地坚硬，中心突起，随后病斑周缘下陷龟裂，与健康组织形成一道环沟。翌年，病斑中央产生小黑点即分生孢子器和子囊壳，病斑继续向外扩展，病部周围逐渐突起，在上年环沟外又形成一圈环形坏死组织，形成同心轮纹状大斑。秋后病健交界处产生裂缝，病斑开裂、翘起可剥落。许多病斑相连，使树皮显得十分粗糙，故又称粗皮病。

（2）果实被害，也以皮孔为中心，形成水渍状褐色小斑点，周围有红褐色晕圈，很快扩大成淡褐色或褐色交替的同心轮纹状病斑，果肉腐烂并有茶褐色的黏液溢出，病斑凹陷，有酸臭味。条件适宜时，几天内即可使全果腐烂。后期病斑自中心起散生黑色小粒点，在潮湿环境下可分泌灰白色孢子角。烂果失水后干缩，变成黑色僵果。

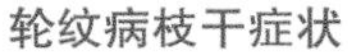

轮纹病枝干症状

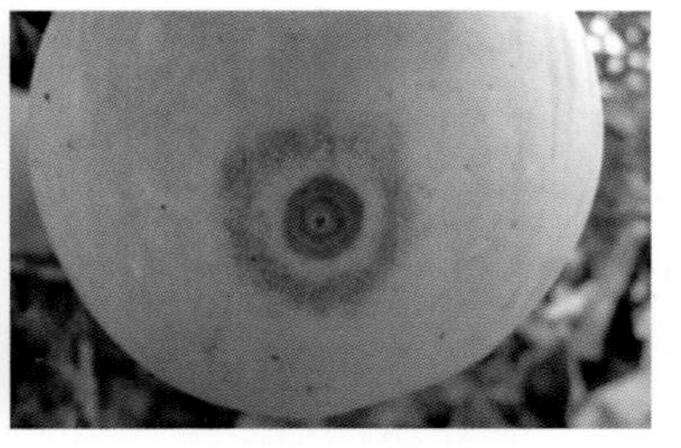

轮纹病果实症状

### 2. 发病规律

病菌是弱寄生菌，病害发生与树势强弱关系密切，苹果品种间的抗病性存在很大差异，多雨高湿的气候条件宜引起病害

流行。

病菌以菌丝体、分生孢子器、子囊壳等在病瘤内，病斑上及其他坏死组织内越冬。翌年春季遇雨，病菌开始生长释放分生孢子。自4月萌芽到11月落叶一直释放分生孢子，其中以6—8月为孢子发生高峰。病菌可以在枝干上潜伏10年，当树体受到水分胁迫或树势衰弱时进行侵染。分生孢子主要产生于病斑，随风雨和气流传播。皮孔和气孔是侵染的主要孔口。剪锯口是侵染的另一条途径。降雨和高温是轮纹病流行的主要条件。6—9月是产孢和侵染的高峰期，也是防治的关键期。果实从落花后到采收前均可受到轮纹病的侵染。幼果时抗性强，随果实的生长发育逐渐减弱，8月最弱，前期侵染的，或当时侵染的多在此时发病。

3. 防治方法

（1）清除病源。冬春两季进行物理清园和化学清园。刨除病死树，做好刮树皮，将老翘皮、剪下的病枝、病落果集中深埋，降低越冬菌量。化学清园的药剂可以是石硫合剂或100倍波尔多液交替使用。在生长季每月巡查一次，刮除病斑，抹治疗剂，及时剪除、捡拾病枝，带到园外深埋。

（2）保护树体及果实。剪锯口涂抹保护剂，发病严重的果园在3月下旬或6月进行涂干。涂干剂可以用建筑上的内墙涂料作基质，混加化学杀菌剂制成涂干药剂或病斑治疗剂。在5月下旬至6月上旬对果实进行套袋保护。在每次降雨或敏感期进行喷药防治。

（3）加强管理。干旱季节及时浇水，涝时及时排水。施肥时防止烧根，按苹果树需肥规律及时追肥，保持树体健壮。

（4）病斑治疗。在3月或6月中旬雨季前轻轻刮除病瘤，用利器刮除病斑涂抹保护剂。幼树和弱树要涂抹治疗剂。雨后

一两天内喷施杀菌剂。

（5）伤口保护剂。因环割、刻芽、抹芽等管理措施形成的伤口，可以用化学杀菌剂加水配制，浓度为厂家推荐喷雾浓度的5～10倍进行小喷壶喷雾。

（6）防治药剂。石硫合剂、波尔多液、氟硅唑、戊唑醇、多菌灵、甲基硫菌灵、苯嘧甲环唑。从谢花后四五天到果实采收前均要喷药防治，每隔15～20天喷药一次。特别是8月上中旬是主要的感病时期，还要格外注意谢花后，套袋前的三遍药，在浓度上既要能防治，还不能发生药害。喷药后，等2～3天再套袋可减少病害。

## 三、苹果褐斑病

### 1. 症状表现

褐斑病主要为害叶片，导致早期落叶。最初为褐色小点，病斑褐色，边缘绿色不整齐，有绿缘褐斑病之称。病斑有3种类型。同心轮纹型：病斑圆形，四周黄色，中心暗褐色，有同心轮纹状排列的黑色小点，即病菌分生孢子盘，病斑周围有绿色晕圈。针芒型：病斑呈针芒状向外扩展，没有一定边缘，病斑小而多。混合型：病斑很大，近圆形或不规则形，暗褐色，中心为灰白色，其上有小黑点，但没有明显的同心轮纹。后期叶片变黄脱落，病斑周缘仍是绿色。

果实染病时，先出现淡褐色小斑点，逐渐扩大为圆型或不整形，直径为6～10mm，病斑褐色，凹陷，表面散生黑色小粒点。病斑下1～2mm深病部果肉褐色，坏死组织不深，海绵状，不软腐。

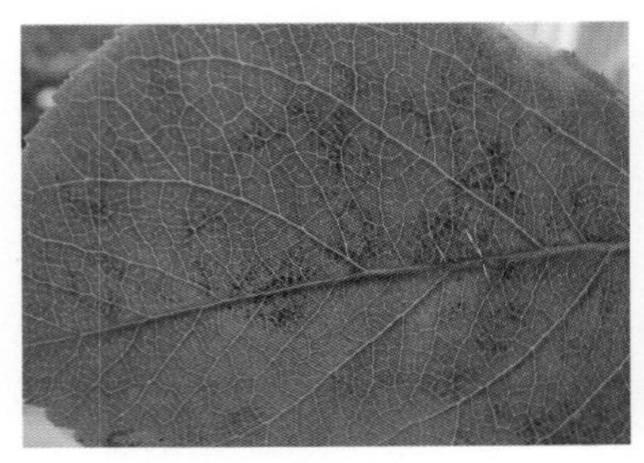

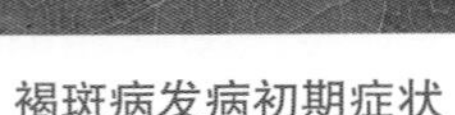
褐斑病发病初期症状

褐斑病发病中期症状

2. 发病条件

该病发生流行与气候关系十分密切。在冬季温暖潮湿，春雨早且雨量大，夏季阴雨连绵的年份，常发病早且重，多雨是该病流行的主要条件。温度主要影响病害的潜育期，在较高的温度下，潜育期短，病害扩展迅速。地势低洼、排水不良、树冠郁闭、通风不良的果园常发病较重，树冠内膛下部叶片比外围上部叶片发病早而且重。苹果各品种中，红玉、富士、金帅、倭锦、香蕉、元帅、红星、国光易感病，鸡冠、祝光、翠玉较抗病，小国光抗病。果农不能正确区分褐斑病和斑点落叶病。选用治疗斑点落叶病的三唑类药剂来防治褐斑病，没有对症下药，造成大量落叶。

3. 发病规律

以菌丝、分生孢子盘或子囊盘在落地的病叶上越冬，翌年春季4—5月多雨时产生分生孢子和子囊孢子，借风雨传播，从叶的正面或背面侵入，以叶背为主，潜育期6～12天，干旱年份长达45天，潜育期随气温升高缩短。5—6月始发，7—8月进入盛发期，10月停止扩展。

4. 防治方法

苹果褐斑病药剂防治的关键：一是历年发病前7～10天喷

药，预防越冬病菌进行初侵染；二是雨季连续喷药，控制病害的流行；三是提高喷药技术，保证喷药质量；四是选用有效药剂，保证喷药效果。防止出现“七病八落九泛滥”的现象出现。

（1）清除病源，认真做好物理清园和化学清园。秋冬清扫落叶，并集中深埋或沤肥。结合修剪，清除树上残留的病叶。夏季随时清扫园内当年新落病叶。果园施行秋、春翻耕，夏季进行深中耕，将新落病叶埋入土壤。

（2）一般5月中旬开始喷药，隔15天1次，共4～6次。7月、8月、9月进行重点防治，出现褐斑病病斑后，推荐选用43%戊唑醇悬浮剂4 000～5 000倍液、20%氟硅唑可湿性粉剂2 000～3 000倍液、70%丙森锌可湿性粉剂600倍液、25%丙环唑水乳剂1 000～1 500倍液、70%甲基硫菌灵1 000倍液、10%苯醚甲环唑水分散粒剂1 500～2 000倍液进行治疗，保护剂有波尔多液、代森联、代森锰锌、丙森锌、百菌清、异菌脲等药剂，注意在幼果期避免使用波尔多液，易产生果锈。

## 四、炭疽病

### 1. 症状表现

主要为害果实，也可为害枝条。初期在果面上出现淡褐色圆小斑点，逐渐扩大，呈褐色或深褐色，边缘清楚，中部凹陷并产生同心轮纹，后期在轮纹上密生黑色小突起，为整齐的轮纹状，此黑点与轮纹病有明显不同。小突起是分生孢子盘，天气潮湿时分泌出肉红色的黏液，即分生孢子团。病斑处果肉变褐腐烂，深达1cm左右。一般不烂果心，用手指可以将病组织挖出。病组织有苦味，这一点也与轮纹病不同，轮纹病烂及果心，且病部没有苦味。病斑多时，可以使全果腐烂失水形成黑

色僵果。在果台上侵染发病后，形成褐色病斑，组织坏死并可导致果台枯死。

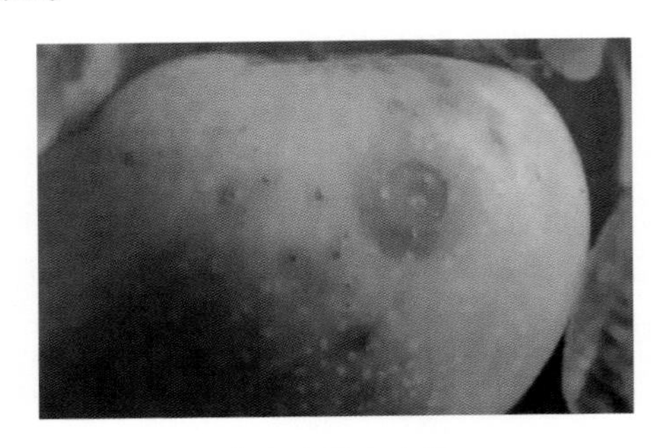

炭疽病果实症状

2. 发病规律

炭疽病以菌丝在树上的病果、僵果、果台、干枯枝、病虫为害的破伤枝等部位越冬。炭疽病具有潜伏侵染性，无论何时侵染，大多果实在近成熟时发病，有的也在贮藏期发病。贮藏期，病果上的病菌可以通过伤口侵染健果，发生再侵染。未成熟的果实中含有一种胶质蛋白质——矿物质的复合物，这种物质是果实抗病的基础。翌年春天，越冬病菌形成分生孢子为初次侵染源，分生孢子主要通过雨水飞溅传播。此外条件下，昆虫也能传播。病菌孢子落在果面上，经皮孔、伤口或直接侵入果实，在适宜的条件下，5～10h可以完成侵染过程。病害的潜伏期一般为3～13天，但有时也可以达到40～50天。该病在整个生长期中有多次侵染性，造成病害的严重发生。苹果在坐果后便可受到侵染，一般北方在5月底6月初进入侵染盛期，侵染盛期过后，由于果皮的老化，即使在有降雨的条件下，侵染也会减少，转入侵染衰退期。自苹果落花至8月中下旬均可侵染。幼果一般在7月开始发病，每一次降雨后就会出现一个发病高峰，果实生长后期也是发

病盛期，贮藏期还可以继续发病烂果。

3. 防治方法

（1）加强栽培管理，增强树势，提高抗病能力，增施有机肥，合理修剪，及时中耕除草，及时排水，降低果园湿度等，可以提高果树的抗病能力。苹果园周围不栽植刺槐树作防风林，防止病菌从刺槐树下传染过来。

（2）搞好清园工作，冬季应清除树上和树下的病果、僵果，对发病严重的果园或植株，结合修剪疏除枯枝、病虫枝、并刮树皮，以减少侵染源。初期发现病果后，要及时摘除，防止扩展蔓延。

（3）药剂防治。发病前可喷波尔多液或代森锰锌等进行保护，发病初期可用异菌脲、甲基硫菌灵+代森锰锌等进行防治。

## 五、斑点落叶病

1. 症状表现

主要为害幼叶，也为害果实和新梢，20天内的嫩叶最易受害。初期在叶片上出现褐色小斑点，周围有紫褐色晕圈。后扩大为3～6mm的病斑，病斑为红褐色，边缘为紫褐色，中心有一个深色小点或呈同心轮纹状。叶片皱缩，畸形。后数个病斑连在一起，有的病斑脱落形成穿孔。最后叶片干枯脱落。天气潮湿时病斑长出黑色霉层即病菌的分生孢子梗和分生孢子。叶柄及新梢受害后，产生2～6mm椭圆形褐色下陷病斑，边缘裂开，造成叶片脱落，叶柄和新梢易折，易枯。果实在近成熟时受害，果面产生褐色斑点，后产生黑褐色霉层，可扩大到全果。在套袋苹果上表现严重。病菌侵染后，侵染部位迅速老化，上色期老化部位首先上色，表现为很小的红点。在摘袋

后，果面出现小红点的，并不是摘袋后侵染的，是在幼果时已侵染了，只是通过着色表现出来了。

斑点落叶病叶片症状

斑点落叶病果实症状

2. 发病条件

多发病害，多发于春秋气温不是特别低的时期，若有阴雨，病情会更加严重。高温多雨易发病，春季干旱，始发期会延迟。夏季降雨多，发病重。该病的发生、流行与气候、品种密切相关。管理粗放，树势弱，地势低，地下水位高，有机质含量低，大量使用化肥的果园发病重。农药使用不当，防治不及时，也是发生重的原因之一。低档果袋，透气性差，也会出现发病。

3. 发病规律

主要以菌丝和分生孢子在落叶上，一年生枝的叶芽及枝条病斑上越冬。翌年孢子主要借风雨、气流传播，从伤口或直接侵入。花后7～10天开始侵染，潜伏期随温度的升高而缩短。生长期病叶不断产生分生孢子，借风雨传播，进行再侵染。分生孢子有两年活动高峰，一个从5月上旬至6月中旬，另一个在9月，主要为害秋梢发病。

4. 防治方法

（1）冬春季清园，深埋落叶，减少越冬病源。

（2）加强栽培管理，合理施肥，增施农家肥，增强树势，提高抗病力；合理修剪，特别是夏剪，改善通风透光条件；合理浇水，低洼果园注意排水。

（3）选用抗病品种，如金冠、红玉、乔纳金等，减少易感品种的种植面积。

（4）药剂防治。在果树发芽前结全防治其他病虫害，全园进行化学清园，可以利用5波美度的石硫合剂对越冬菌进行铲除。

发病前多用多抗霉素+代森锰锌、丙森锌、多抗霉素+克菌丹等。

发病初可用宁南霉素、苯醚甲环唑+甲基硫菌灵、戊唑醇、腈菌唑等。

30%戊唑·多菌灵悬浮剂800～1 000倍液、41%甲硫·戊唑醇悬浮剂800～1 000倍液、250g/L吡唑醚菌酯乳油2 000～2 500倍液、70%甲基硫菌灵可湿性粉剂800～1 000倍液+80%代森锰锌可湿性粉剂600～800倍液、70%甲基硫菌灵可湿性粉剂800～1 000倍液+50%克菌丹可湿性粉剂600～800倍液、3%多抗霉素可湿性粉剂400～500倍液、10%苯醚甲环唑水分散粒剂1 500～2 000倍液。

## 六、霉心病

霉心病又称苹果霉腐病，主要侵害元帅系苹果。套袋加重该病的发生。

### 1. 症状表现

主要为害果实，造成果实心腐和早期脱落。果心变褐，充满灰绿色或粉红色霉状物，从心室逐渐向外霉烂，果肉味极苦。

霉心病果实症状

2. 发病条件

花期遇雨发病较重。

3. 发病规律

苹果开花期是病菌侵染雌蕊、雄蕊等花器的适宜期，也是该病的防治关键期。霉心病病菌的侵染期很长，从花期到5月前的幼果期是重点侵染期。尤其是花期遇雨特别要重点进行防治。花序分离后期、初花期也就是5%花朵开放，盛花期也就是70%花朵开放，落花期也就是落花50%～60%，这四个时期是喷药防治的关键期。

4. 防治方法

（1）花期喷药。在苹果露蕾期、花序分离期、落花期各喷一次杀菌剂。最好用抗生素杀菌剂，以减轻病菌对花器的损伤，降低对坐果率和果型的影响。在16时后或10时前进行喷药，要使用雾化效果好的喷头，勿使用喷枪。

（2）人工摘除花丝和花柱。将定果工作提前到落花期，在花丝和花柱完全枯萎前摘除，也可以防治黑点病的发生。

（3）增施有机肥，培壮树体，使生长势中庸。合理修

剪，通风透光，控制产量，节约树体养分，提高抗病性。

## 七、果　锈

果锈是由于不良的外界条件引起的一种生理性病害，主要表现在果实的表皮。

### 1. 症状表现

幼果时，角质层薄，蜡质层没有形成，保护能力差。果实快速生长引起表皮细胞迅速膨胀，常出现角质层龟裂；或因外界不良因素使角质层破坏，使表皮细胞失去保护而受到伤害，导致细胞栓质化死亡而产生果锈。在不良因素的刺激下，气孔保卫细胞死亡，失去了对气孔的调节功能，从而使气孔下方产生一堆木栓化的细胞，并向上隆起，胀破气孔，形成大且粗糙、深色的皮孔。皮孔木栓化常与果锈相伴，引起果面的进一步粗糙。

常见的果锈有三种，一是冻锈，因霜冻出现的霜环病果。二是药锈，呈褐色，由许多小粒点组成的不规则条状或块状果锈，手感较粗糙。三是水锈，深褐色，多发于果柄周围，手感较光滑，梗洼低深处锈斑越严重，色泽越深。

霜环病果

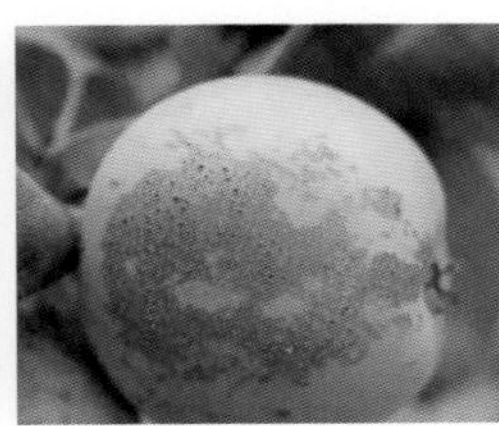
药锈症状

水锈症状

### 2. 产生原因

（1）果皮上的角质层产生的微小龟裂。产生龟裂的原因

之一是盛花后15～20天，幼果表皮毛脱落后，没有形成角质层之前，水分接触果面，加大了该处的细胞膨压，引起幼果表皮细胞破裂。另一个原因是果皮不能适应果肉的发育，导致角质层或果皮龟裂。

（2）不良刺激。角质层龟裂，使果皮外层细胞暴露，在外界不良因素的刺激下，产生木栓组织而形成果锈。

3. 果锈发生的影响因素

（1）品种。不同的品种发生果锈的程度有很大的差异。发生较轻的有元帅、红星、富士等，发生较重的是黄元帅、华冠等，其中以黄元帅发生最重。

（2）气候。在春季如有低温高湿的气候发生较重。空气的相对湿度，气温、降雨天数对果锈的发生影响较大。雨后或喷药后低温高湿的环境不利于水分蒸发，延长了水与果面接触时间，产生果锈的机率要大。

（3）环境。燃烧排放的废气、工厂跑漏的毒气、汽车尾气、飞扬的尘土等，都会造成果面的污染或损伤，从而形成果锈。

（4）机械损伤。叶片和果袋摩擦果实、碰伤幼果等使幼果的表皮细胞外露坏死，加重果锈的发生。

（5）农药。在幼果期喷施尿素、硫制剂、铜制剂、渗透剂、劣质增效剂、乳油剂、农用粘着剂、易产生沉淀的可湿性粉剂、有机磷农药等，都易导致果锈加重发生。喷药技术也对果锈的发生有一定的影响，喷头离果面太近、农药浓度过高、雾化不好、喷雾压力过大等都可以导致果锈的加重发生。

（6）栽培管理水平。如果树体的营养水平低，则对外界的抗逆性弱，这样就易产生果锈。氮肥使用量大，有机肥使用量小，果台留果量大，果园郁闭，通透性差也有利于果锈的

发生。

（7）套袋。果袋柔软性差、疏水性差、透气性差；果袋破裂渗水，封口不严，使梗洼处积水；药剂或露水未干时进行套袋等，也可以加重果锈的发生。

4. 预防措施

果锈只可以预防，没有办法治疗。

（1）加强栽培管理，合理负载，提高果树的抗逆性。合理施肥，避免偏施氮肥，注意补充中微量元素。合理修剪，解决果园郁闭问题，使果园通风透光。花期防止霜冻，保持果园中土壤水分相对恒定，干旱时及时进行补充。选择优质果袋，在果面没有药液、露水及雨水的情况下进行套袋，袋口一定要扎紧。远离污染区建园。在人工作业中减少损伤果面。

（2）安全用药。在落花后及幼果期套袋前，尽量选用悬浮剂、水剂为主要剂型，同时避免使用铜制剂、有机磷类、乳油类、溶解不完全的粉剂等。在喷洒过程中，喷头离果面的距离要适当，使用雾化效果好的喷头，压力要适当，减轻药液对幼果果面的刺激。

（3）提前套袋。适当提前套袋，可以减轻雨水和药液对幼果的刺激。

## 八、锈　病

1. 症状表现

主要为害叶片，也能为害嫩枝、幼果、果柄。还可以为害转主寄主松柏。叶片发病初期出现油亮的橘红色小斑点，以后逐渐扩大，形成圆形橙黄色病斑，边缘红色。发病严重时，一片叶子上出现几十个病斑。10～15天后，病斑表面密生鲜黄色

小细点粒，即性孢子器。性孢子器中涌出带有光泽的黏液，内含性孢子。黏液干燥后，小点粒变为黑色。其后，病班肥厚，正面隆起，背面凹陷，发病部位变厚变硬，病斑背面长出许多丛生黄色细管状物，即锈孢子器，内含大量褐色粉末状锈孢子。叶柄发病，病部呈橙黄色，稍微隆起，多呈纺缍形，初期表面产生小点粒状性孢子器，后期病斑上产生毛状的锈孢子器。新梢发病初期与叶柄相似，后期病斑凹陷、龟裂、易折断。果实发病，多在萼洼处出现橙黄色圆斑，后变为褐色，病果生长停滞，病部变硬，多畸形。桧柏是锈病的转主寄主，在桧柏树上越冬，产生冬孢子角。

锈病叶正面症状

锈病叶背面症状

2. 发病条件

锈病的发病轻重主要取决于花后50天内，如果出现雨量大于20mm持续时间超过24h的降雨，或能使叶面结露持续24h以上的降雨，降雨后的5天内需喷施一次三唑类杀菌剂。

3. 发病规律

苹果锈病以菌丝体在桧柏等转主寄主上越冬，翌年春季形成冬孢子角，遇雨吸水膨大呈胶状，形似黄色花朵。冬孢子萌发产生担子，担子可以借风雨传播到苹果树上，从皮孔、气孔、幼叶、幼果和新梢等细嫩组织直接侵入。而后形成性孢子

器及性孢子，性孢子与受精丝结合形成双核菌丝，向叶背发展形成锈病孢子器和锈孢子，锈孢子成熟后随风传到桧柏上，在桧柏上形成菌瘿越冬。在苹果树上产生的锈孢子只能侵染桧柏，不能侵染苹果，在桧柏上产生的锈孢子只能侵染苹果，不能侵染桧柏，所以在同一环境中，只有同时有苹果和桧柏才能完成生活史。春季雨水早且雨量大，发病严重，反之则发病轻或不发病。展叶初期多雨高湿易发生。

#### 4. 防治方法

（1）彻底铲除果园周围5km以内的桧柏，切断侵染循环，根绝转主寄主，可防止锈病的发生。

（2）冬春检查桧柏树上的菌瘿并及时剪除，集中销毁。也可以在苹果发芽至幼果拇指大小时，在桧柏树上喷1～2波美度的石硫合剂。

（3）春雨前在桧柏树上喷洒1～2波美度石硫合剂或五氯酚钠，可防冬孢子散发。

（4）花后50天内出现降雨，在降雨后的3～5天内，进行喷药防治。

43%戊唑醇悬浮剂4 000～5 000倍液+50%多菌灵可湿性粉剂600～1 000倍液、20%氟硅唑可湿性粉剂2 000～3 000倍液+50%多菌灵可湿性粉剂600～1 000倍液、70%甲基硫菌灵1 000倍液+43%戊唑醇悬浮剂4 000～5 000倍液、43%戊唑醇悬浮剂4 000～5 000倍液+丙森锌等，采用厂家推荐浓度。

### 九、白粉病

#### 1. 症状表现

主要为害新梢的叶片和嫩梢，也可以为害花、幼果、芽。新梢发病后，叶片和枝条表面覆盖一层白粉，病梢节间变

短，细弱。叶片扭曲畸形，叶缘上卷，质硬而脆。严重时新梢和新梢上的叶片产生枯斑，甚至全部干枯。展叶后发病的叶片产生近圆形的病斑，病斑上着生白粉，病叶皱缩扭曲。严重时全叶均有白粉层，病叶易干枯脱落。病花花萼及花柄易扭曲，病部有白粉层，病花很少坐果，果实受害较少。

白粉病叶片症状

白粉病叶片及果实症状

2. 发病条件

春季温暖干旱的年份有利于病害前期的流行，夏季多雨凉爽，秋季晴朗，有利于后期发病。地势低洼，密植果园，树冠郁闭、土壤黏重，氮肥施用偏多而钾肥施用不足的果园发病较重。果园管理粗放，修剪不当，不适当地推生轻剪长放，使带菌芽的数量增加也会加重白粉病的发生。该病靠风、雨、气流传播，侵染力强，是强寄生性的，可以侵染健康的芽、叶片和新梢。该病较难预防，用纯保护性的杀菌剂效果不好，可以在侵染高峰期用安全、内吸、传导性强的治疗剂进行铲除。有两个发病高峰春梢期和秋梢期，春梢期的防治十分重要。

3. 发病规律

以菌丝潜伏在冬芽的鳞片间或鳞片内越冬，顶芽带菌率高。春季冬芽萌发时，越冬菌丝开始活动，产生分生孢子进行侵染。菌丝蔓延到嫩叶、花器、幼果及新梢的外表，以吸器伸

入寄主内吸收营养，严重时菌丝可以伸入叶肉组织。受害部位的菌丝发展到一定阶段，可产生大量的分生孢子及孢子梗，致使发病部位呈白粉状，分生孢子经气流传播。在21～25℃，相对湿度达到70%以上时，有利于孢子繁殖和传播。4—6月为发病盛期，7—8月高湿季节病情停滞，8月底在秋梢上再度蔓延为害，9月以后逐渐衰退。一年中有两次发病高峰，完全与苹果新梢生长期吻合。

4. 防治方法

（1）加强栽培管理。科学施肥，增施有机肥，避免氮肥施入过量，提高果树的抗病能力。合理密植，控制浇水。选种抗病品种。

（2）做好清园。结合冬剪、刮树皮，剪除病芽、病梢并集中销毁或深埋，防止孢子传播。

（3）防治重点放在春季，芽萌发后嫩叶尚未展开时和谢花后7～10天是药剂防治的两次关键期。可使用药剂有70%丙森锌可湿性粉剂600～700倍液；70%代森锰锌可湿性粉剂600～800倍液；70%硫黄·代森锰锌可湿性粉剂500～700倍液；50%克菌丹可湿性粉剂400～500倍液。3%多氧霉素水剂400～600倍液；2%嘧啶核苷类抗生素水剂200倍液；1.5%多抗霉素可湿性粉剂200～500倍液、10%醚菌酯悬浮剂600～1 000倍液、40%腈菌唑可湿性粉剂6 000～8 000倍液。

## 十、日　灼

1. 症状表现

被害果初呈黄色、绿色或浅白色，圆形或不定形，后变褐色坏死斑块，有时周围具红色晕圈或凹陷，果肉木栓化。仅发生在果实皮层，病斑内部果肉不变色。

主干及大枝受害后，向阳面出现不规则焦糊斑块，受害后易受腐烂病菌侵染，引起腐烂病，削弱树势。

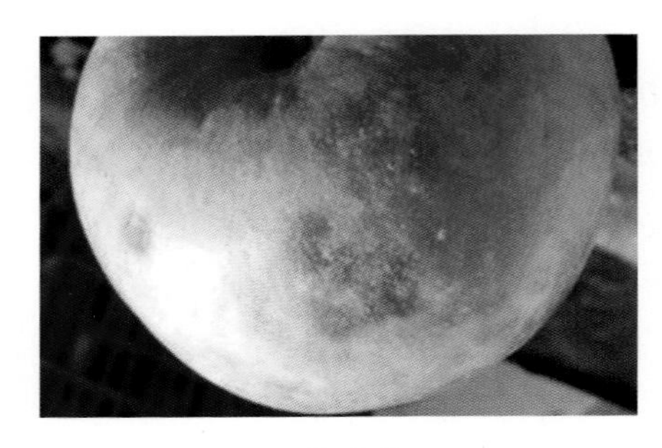

日灼症状

2. 发病条件

果实或主干及大枝受到阳光直射，昼夜温差大等原因。

3. 防治措施

（1）果实套袋。疏果后半月进行套袋。

（2）树干涂白。利用白色反光原理，降低枝干向阳面白天温度，缩小昼夜差，减轻伤害。

（3）叶面追肥。全树喷0.3%磷酸二氢钾或其他微肥，提高果实抗性，减轻或防止日灼。

## 十一、水心病

又名冰糖心、蜜果病，是一种苹果生理病害。多发于果实成熟后期及贮藏期。

1. 症状表现

多果心部位发病，发病轻微时外观表现正常，需将果实切开方可识别。当病变部接近果皮时，才可以从外表看出症状，果皮呈水渍状，透明似蜡。病变部细胞间隙充满汁液，局部果肉组织呈半透明水渍状。靠近果顶部或萼洼处病斑较多。

水心病果实症状

2. 发病条件

氮肥施用量过大、幼龄树、叶果比高、钙素不良的果易发病；晚熟品种，采收过晚果实易发病，树势弱，树冠上部、树体南侧或西侧，阳光直射的果实易发病。

3. 防治措施

（1）在建园时选种抗病性品种。

（2）合理施肥，增施有机肥，防止氮肥施入过量，氮、磷、钾合理配比。

（3）保持土壤适宜的含水量，及时进行排水和灌溉；利用修剪和疏果，调整叶果比。

（4）套袋前喷氨基酸钙400倍液或硝酸钙300倍液。7月中旬摘除纸袋时喷洒氨基酸钙400倍液加硼砂300倍液。氨基酸钙400倍液或硝酸钙300倍液。

（5）适时采收，采前叶面喷施钙肥。

## 十二、苹果病毒病

有16种病毒可以给苹果生产造成为害。这些病毒不但破坏树体的正常生理机能，使果树生长势减弱，树叶病变，还造成果实产量和品质下降，甚至引起果树死亡。苹果病毒病是苹果

的终生病害，给苹果生产带来了持续严重的为害。主要包括苹果花叶病毒、苹果褪绿叶斑病毒、苹果茎沟病毒、苹果茎痘病毒、苹果锈果类病毒等。

病毒病是一种系统性侵染、传播性强、主要通过苗木和嫁接传播扩散的病害。具有症状具有潜隐性，难以直接观察；一旦染病终生带毒，给生产带来持续的为害；就目前而言，没有有效的药剂防治。

加强检疫工作，严防带病毒病的苗木、接穗和果实从病区传入。栽培脱毒苗木是防治苹果病毒病的最根本的途径。增强树体抗性，改良土壤，提高有机质含量，提高土壤能力，改善土壤团粒结构，培育土壤有益微生物，养根壮树。合理修剪，合理负载，调节大小年结果现象，调整树体结构，保证通风透光良好，增强树势。

## 第四节　苹果虫害

### 一、梨网蝽

#### 1. 形态特征

成虫体长3.5mm左右，体形扁平，暗褐色。头小、复眼暗黑，触角4节丝状，翅上布满网状纹。前胸背板中央纵向隆起，向后延伸呈扁板状，盖住小盾片，两侧向外突出呈翼状。前翅呈长方形，相互叠起，前翅上均有一致的网状纹。胸腹面黑褐色，有白粉。腹部金黄色，有黑色斑纹，足黄褐色。卵呈长椭圆形，长0.6mm左右，稍弯，初期淡绿，半透明，后转淡黄色。若虫初孵化时为乳白色，后渐变为暗褐色，三龄时翅芽很明显，外形似成虫，头、胸、腹部均有锥状刺突。

梨网蝽成虫

2. 为害状

成虫、若虫群居于叶背吸食叶片汁液，被害叶正面形成苍白点，叶片背面有褐色斑点状虫粪及分泌物，使整个叶背呈锈黄色，严重时斑点成片，叶片失绿，远看一片苍白，被害叶早落。

梨网蝽叶背面为害状

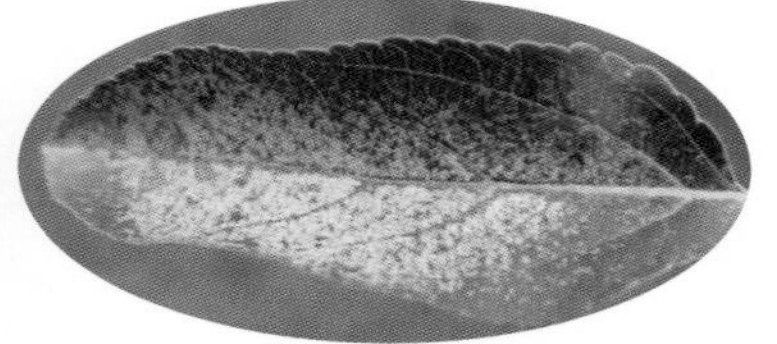

梨网蝽叶正面为害状

3. 发生规律

华北地区一年发生3～4代，黄河故道地区一年发生4～5代，以成虫在枯枝落叶、翘皮缝、杂草及土石缝中越冬。翌年梨树展叶时成虫开始活动，产卵于叶背叶脉两侧的组织内。卵

上附有黄褐色胶状物，卵期约15天。若虫孵化后，群集在叶背主脉两侧为害。世代重叠。10月中旬后成虫陆续寻找适宜场所越冬。

4. 防治方法

（1）9月在木本植物树干绑草诱集越冬成虫。

（2）成虫开始活动前进行物理清园，彻底清除杂草、落叶，集中深埋，可大大压低虫源基数减轻为害。

（3）一代若虫孵化盛期及越冬成虫出蛰后及时喷洒50%马拉硫磷乳油、48%敌敌畏乳油1 000～1 250倍液、2.5%溴氰菊酯乳油或2.5%高效氯氰菊酯乳油1 000～2 000倍液或20%甲氰菊酯乳油3 000倍液。

## 二、桑天牛

俗称钻木虫，属鞘翅目天牛科，主要为害苹果、桃、李、杏、樱桃等果树的枝干。

1. 形态特征

成虫黑褐色至黑色，体表被青棕色或棕黄色绒毛。头部中央有一条纵沟，触角为黑灰褐相间色，前胸背面有横行皱纹，鞘翅基部密布黑色光亮颗状突起，翅端内、外角呈刺状凸起。卵呈长圆形，初为乳白色，后变为淡褐色，幼虫圆筒形、乳白色，头黄褐色。蛹为纺锤形，初为淡黄色，后转化为黄褐色。

桑天牛成虫

2. 为害状

以初孵化的幼虫在2～4年生枝中蛀食为害。从被害枝干表面来看，有一排粪孔，孔外或地面上有红褐色虫粪。被害果树易形成小老树，影响正常生长和结果，严重的整株死亡。

桑天牛枝干为害状

3. 生活史

一年发生一代，以幼虫在被害枝干中越冬。苹果萌芽后开始为害，落叶后休眠。6月中旬左右出现成虫，7月上中旬开始产卵。成虫多在夜间以嫩叶或嫩枝皮为食，以早上、傍晚最为严重，取食15天后开始产卵，卵经15天后孵化为幼虫。7—8月为成虫盛发期。

4. 防治方法

（1）人工捕杀。6月下旬到8月下旬，每天傍晚捕捉成虫。也可利用自制工具刺杀幼虫。

（2）在果园管理中，经常观察，发现有新鲜虫粪时，可用尖刀挖除蛀道内的幼虫。在7—8月产卵盛期，可结合树上喷药加入丁硫克百威或溴氰菊酯，细喷枝干消灭卵及初孵化幼虫。

（3）夏季发现蛀孔，用10%的白糖水灌蛀，吸引蚂蚁钻入蛀孔，杀死天牛幼虫。

（4）杀成虫，6月下旬后利用成虫产卵前取食嫩叶和嫩枝皮层作补充营养的特点，在树冠喷毒死蜱等。

## 三、舟形毛虫

属于鳞翅目，舟蛾科。

### 1. 形态特征

成虫头胸部淡黄白色，腹背雄虫浅黄褐色，雌蛾土黄色，末端均淡黄色。前翅银白色，在近基部生1长圆形斑，外缘有6个椭圆形斑，近基部中央有银灰色和褐色各半的斑纹，后翅浅黄白色。雄虫浅黄褐色，尾端均为淡黄色。

卵球形，初产时淡绿色近，孵化时变灰色或黄白色。幼虫头黄色，有光泽，胸部背面紫黑色，腹面紫红色，体上有黄白色长毛，体侧有稍带黄色的纵线纹。幼龄幼虫紫红色。静止时头、胸和尾部上举如舟。蛹暗红褐色至黑紫色。

舟形毛虫幼虫群集为害

2. 为害状

幼虫群集叶片正面，将叶片啃食成半透明纱网状；稍大幼虫分散取食光叶片，仅留叶脉。

3. 生活史

每年发生一代，以蛹在树冠下的土中越冬，翌年7月上旬开始羽化，中下旬进入盛期，幼虫发生盛期在7月下旬至9月下旬，发生高峰期在8月中旬至10月中旬，幼虫老熟后沿树干爬下入土化蛹越冬。成虫白天隐蔽在树叶丛中，或杂草堆中，傍晚至夜间活动，趋光性强。初孵幼虫多群聚叶背，不吃不动，早晚和夜间，或阴天群集叶面，头向叶缘排列成行，由叶缘向内啃食。低龄幼虫遇惊扰，或震动时，成群吐丝下垂。3龄后逐渐分散取食，或转移为害，白天多栖息在叶柄，或枝条上，头尾翘起，状似小舟。

4. 防治方法

（1）越冬的蛹较为集中，春季结合果园耕作，刨树盘将蛹翻出，风吹日晒失水而死或为鸟类吃掉。

（2）在7月中下旬至8月上旬，幼虫尚未分散之前，巡回检查，及时剪除群居幼虫的枝和叶，幼虫扩散后，利用其受惊吐丝下垂的习性，振动有虫树枝，收集消灭落地幼虫。

（3）防治关键时期是在幼虫3龄以前。可均匀喷施下列药剂：40%丙溴磷乳油2 000～4 000倍液、20%灭多威乳油1 000倍液、50%杀螟硫磷乳剂1 000倍液、80%敌敌畏乳油1 600～2 000倍液、20%甲氰菊酯乳油1 000倍液、20%氰戊菊酯乳油2 000～2 500倍液、100g/L联苯菊酯乳油3 300～5 000倍液。也可喷赤虫菌或杀螟杆菌（含孢子100亿个/g）800～1 000倍液进行生物防治。

## 四、金龟子

### 1. 形态特征

金龟子是果树的重要害虫，在我国南北均有发生，为害多种果树。

金龟子成虫

### 2. 为害状

其种类繁多，啃食花和嫩芽，也有吃叶的，以啃食对果树花蕾及花的金龟子为害最为严重，给开花坐果及树体的生长发育造成很大的影响。在山坡地、河滩地和公路两旁的果园发生严重。

### 3. 生活史

食花蕾及花的金龟子主要有苹毛金龟子、黑绒金龟子、铜绿金龟子、褐绒金龟子、小青花金龟子等，这几种金龟子都是在土壤中越冬，在3月下旬至4月上旬出土，4月中旬为出土盛期，在苹果的显蕾期和花期进行为害，集中为害花蕾、花和嫩芽。金龟子主要以傍晚和夜间进行为害，有假死性，体壳坚硬，不易防治。

### 4. 防治方法

（1）人工捕捉。利用其假死性，傍晚在树下铺一塑料布，

再摇动树枝，将震下来的金龟子进行收集，集中消灭。

（2）糖醋液诱杀。食果金龟子具有趋味性和趋色性的特点，利用这两个特点，可人工配制金龟子喜爱的糖醋液并用花果颜色的容器进行有效地捕杀。糖醋液的配方是红糖1份，醋2份，白酒0.4份，水10份。配制方法：先将红糖和水放于锅中煮沸，然后加入醋，闭火放凉，再加入酒搅匀即可。盛装糖醋液的容器的口径尽可能大一些。悬挂于树冠外围中上部的大枝上，这样会提高捕杀范围，提高使用效果，注意要及时捞出诱杀的金龟子，补充被蒸发的液体。

（3）灯光诱杀。利用金龟子的趋光性强的特点，可以在园中安装一个黑光灯，在灯下放置水盆，成虫通过水面的反光冲入盆中，即可杀死。

（4）合理施肥。不施未腐熟的农家肥，以防金龟子产卵可以对未腐熟的农家肥用毒死蜱进行处理灭卵、灭蛹、杀虫。

（5）喷药防治。在傍晚喷施树体和树盘土壤起到防虫的目的，也可以在4月中旬金龟子出土盛期，在树盘地表撒施辛硫磷粉剂（每株20～25g），隔10～15天再撒1次。

## 五、苹果全爪螨

### 1. 形态特征

雌成螨长0.4mm左右，宽0.3mm左右。圆形，背部隆起，深红色，体表有横皱纹。背部有13对粗长的刚毛着生于黄白色瘤状突起上。足黄白色，足间突具坚爪。气门器端部呈球形。雄成螨体长0.3mm左右，初蜕皮为浅黄色，取食后转为深橘红色，腹部末端尖削，其他特征如雌虫。卵葱头状，圆形稍扁，卵面有纵纹。越冬卵深红色，夏卵橘黄色。幼螨近圆形，3对足，体毛明显。越冬卵孵化的幼螨淡橘红色，后转

为暗红，夏卵孵化后的幼螨浅黄色，后渐变成橘红以至暗绿色。若螨有4对足，体色比幼螨深。

苹果全爪螨成虫

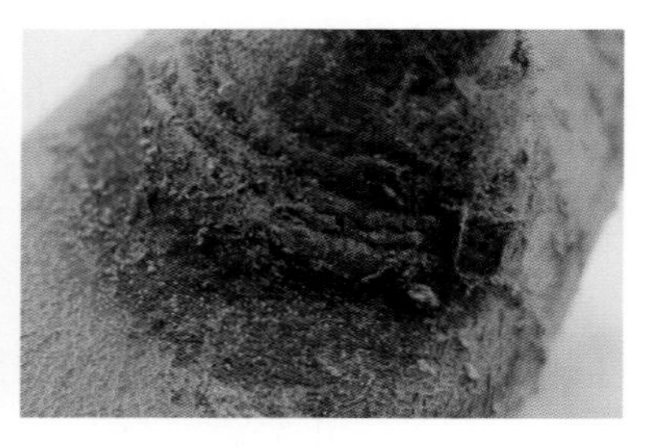

苹果全爪螨越冬卵

2. 为害状

以幼螨、若螨和成螨刺吸叶片汁液为害为主。初在叶片正面形成许多失绿斑点，后呈灰白色，严重时变成黄褐色，表面布满螨蜕，但不落叶。还可以为害嫩芽和花器。

苹果全爪螨为害状

3. 生活史

在北方一年发生6～8代，卵在短果枝，果台基部，枝干分杈处，叶痕、芽痕、粗皮上越冬。翌年苹果花蕾膨大期孵化，

初孵化的幼螨在花器和嫩叶上吸食为害，后扩散到全树。5月上中旬出现第一代成螨，5月中下旬达到盛期并交尾产卵。卵期夏季7天左右、春秋季10天左右。第二代成虫出在6月上旬，以后出现世代重叠。平均一代10～14天。7—8月为盛期，8月下旬出现越冬卵，9月底达高峰。

4. 防治方法

（1）农业防治。刮树皮、物理清园低虫口基数，减轻虫害流行。

（2）生物防治。释入捕食螨、瓢虫等天敌昆虫，可效减少螨虫基数。在培育天敌过程中，果园内尽可能不用杀虫剂，减轻对天敌的伤害，还可以在果园中种植大豆或生草为天敌提供食物和居住场所。

（3）化学防治。萌芽前，全园喷施3～5波美度石硫合剂，杀灭越冬螨卵。苹果落花后3～5天喷药1次，以后结合常规预防喷药加入杀螨剂，害螨迅速增长初期喷药。常用药剂有43%联苯肼酯悬浮剂2 000～3 000倍液、110g/L乙螨唑悬浮剂5 000～7 000倍液、240g/L螺螨酯悬浮剂4 000～5 000倍液、5%唑螨酯乳油1 500～2 000倍液、73%炔螨特乳油2 000～3 000倍液、20%三唑锡悬浮剂1 200～1 500倍液、20%甲氰菊酯乳油1 500～2 000倍液、1.8%阿维菌素乳油2 500～3 000倍液、15%哒螨灵乳油2 000～2 500倍液等。

## 六、山楂叶螨

山楂叶螨又称山楂红蜘蛛。对苹果的为害性极强。

1. 形态特征

身形为椭圆形，外表颜色随季节发生变化，冬季为鲜红色，而夏季为暗红色。

2. 为害状

以成螨或螨虫群集中于叶背进行刺吸叶片汁液为害，叶片正面出理黄色斑点，随时间的推移，斑点不断扩大。叶背出现铁锈色的斑块。严重时，叶片呈灰褐色，后枯萎掉落。山楂叶螨还会结网。结网后，传播速度更快，风雨对它产生不了多大影响。

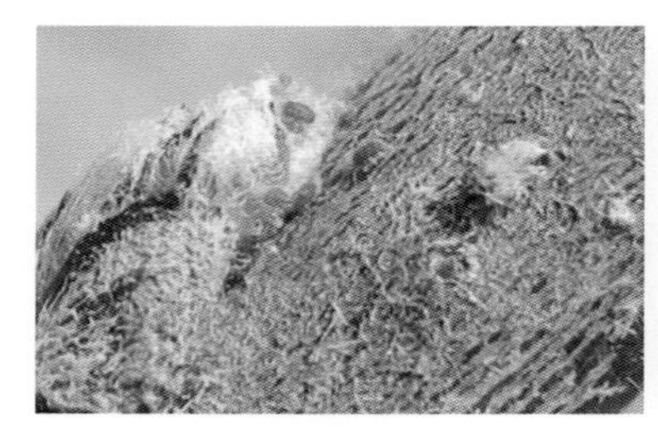

山楂叶螨越冬雌螨

山楂叶螨为害状

3. 生活史

繁殖能力较强，一年可发生十代左右。受精雌螨在树皮缝或老翘皮、树干基部的土壤缝隙、落叶、枯草、小石块下越冬，翌年苹果发芽时，开始活动，先在下部和内膛的芽上取食。食用嫩芽一周后产卵，苹果谢花前后达到产卵高期，这是防治叶螨的关键时期，要及时喷药防治。

4. 防治方法

（1）农业防治。秋冬季清扫落叶，并带出果园深埋。深翻土壤，去除土壤中越冬的螨虫，刮树皮，物理清园产生的树皮、病枝、落叶带出园深埋或烧毁，降低虫源基数。

（2）生物防治。释入捕食螨、瓢虫等天敌昆虫，可效减少螨虫基数。在培育天敌过程中，果园内尽可能不用杀虫剂，减轻对天敌的伤害，还可以在果园中种植大豆或生草为天

敌提供食物和居住场所。

（3）常用的杀螨剂。山楂叶螨对杀螨剂易产生抗性，建议各种杀螨剂要轮换使用，同一种杀螨剂在一年中最多使用两次。在落花后到套袋前不建议使用乳油，易产生果锈。

噻螨酮：对卵、若螨活性高，对成螨活性低。药效较迟缓，施药后7～10天达到药效高峰，持效期长达40～50天。多在花前使用，常用剂型有5%乳油和可湿性粉剂，用量为1 500～2 000倍。

四螨嗪：对卵的防治效果好，对若螨也有一定的效果，对成螨效果差，药效持久，用药后10天才能显示较好的防治效果，持效期达50～60天。建议开花前使用，常用剂型20%悬浮剂，用量为1 500～2 000倍。

哒螨灵：对卵、幼螨、若螨、成螨都有良好的防治效果。杀虫快、防治效果好。持效期达30天以上，多用于开花后，常用剂型有15%乳油和20%可湿性粉剂，用量为1 500～2 000倍。

三唑锡：对若螨、成螨和夏卵有较好的防治效果，但对越冬卵无效，具有速效性好，残效期长。建议套袋前后使用，常用剂型为20%可湿性粉剂，用量为1 500～2 000倍。

唑螨酯：对若螨、成螨和夏卵有较好的防治效果，但对越冬卵效果不佳，具有速效性好持效期可达30天以上。大多在落花后使用，常用剂型有5%悬浮剂，用量为2 000～3 000倍。

阿维菌素：对成螨和若螨有良好的防治效果，但不杀卵，可以同时防治金纹细蛾，潜叶蛾、潜叶蝇等害虫。具在较强的渗透性，残效期长。多在套袋后使用，常用剂型有1.8%乳油，用量为3 000～4 000倍。

螺螨酯：对螨、卵均有良好的防治效果，对卵的效果最佳。不杀雌成螨，但可以使之绝育。持效期可达40～50天，但

是价格高。有条件的果园建议在花前使用，常用剂型为24%乳油，用量为4 000 ~ 5 000倍。

## 七、苹果绵蚜

### 1. 形态特征

（1）无翅孤雌胎生蚜。体长2mm左右，宽约1.2mm。椭圆形，淡色，无斑纹，体表光滑。腹部膨大，赤褐色，腹背有4条纵列的泌蜡孔，可以分泌蜡质丝状物，所以在果树上为害严重时挂绵绒。腹部两侧有侧瘤，着生短毛，腹管半环形，有5 ~ 10对毛，尾片有短毛一对，尾板毛19 ~ 24对。

（2）有翅孤雌胎生蚜。体长1.8mm左右，翅展宽约6.3mm，暗褐色，腹部淡色。有触角6节，第3节最长。前翅中脉分2叉，翅脉和翅痣均为棕色。

（3）若虫共4龄，末龄若虫体长0.65 ~ 1.45mm，黄褐色至赤褐色，圆筒形，体被白色绵绒状物。卵椭圆形，长0.5mm左右，宽约0.2mm。初产是为橙黄色，后变为褐色，表面光滑，有白粉。

苹果绵蚜若虫

2. 为害状

主要集中于剪锯口、伤口、老皮缝，叶腋、果柄、根部、果实的埂洼和萼洼处进行为害。被害部位附着蚜虫，并形成肿瘤，其上覆盖大量白色絮状物。挖开受害果树的浅层根有绵蚜为害根系形成的根瘤。叶片受害后，叶柄变黑，叶片上粘有蚜虫分泌物，影响光合作用，甚至提早落叶。果实受害，发育受阻，品质下降。

苹果绵蚜为害状

3. 生活史

以1～2龄若蚜在树干伤疤、剪锯口、老翘皮缝、叶腋、果实梗洼、萼洼、近地根系上越冬。苹果萌动后，旬平均气温在8℃以上时，越冬若虫开始活动。4月底到5月初越冬若虫变为无翅雌成虫，以胎生方式生产若虫，每一头雌蚜可产下50～180头若虫，新生若虫即向当年生枝条扩散迁移，在嫩梢基部、叶腋、嫩芽上吸食汁液。5月底至6月为扩散迁移盛期，同时不断繁殖为害，当旬平均气温为22～25℃时，为繁殖盛期，约8天完成一个世代。当气温在26℃以上时，虫量明显下降。日光蜂对绵蚜的繁殖起到抑制作用。到了8月下旬气

温下降后，虫量又开始上升，9月时，一龄若虫又向枝梢扩散为害，形成全年的第二个为害高峰，到了10月下旬，若虫爬到越冬部位开始越冬。苹果绵蚜的有翅蚜在我国一年出现两次高峰，第一次是在5月下旬到6月下旬，但数量较少，第二次出现在9—10月，数量较多，产生的后代大多为有性蚜，有性蚜喜欢在隐蔽且阴暗的场所，寿命短，有性蚜的死亡率在60%～90%。

4. 防治方法

（1）加强检疫。对从国外进境的苗木、接穗和果实按照我国的有关规定进行检疫。

（2）冬季修剪时，剪除病虫害枝，刮树皮时，刮掉老皮，破坏或消灭绵蚜的栖居和繁殖场所，树干涂白消灭越冬若虫。冬季及时浇水。苹果园中避免混栽山楂、海棠等果树，铲除山定子、其他灌木及杂草，保持园内清洁卫生。

（3）利用日光蜂、七星瓢虫、异色瓢虫和草蛉均是绵蚜的天敌。可以采用生草法为天敌提供一个良好的生存环境，也可以进行人工繁殖和引入天敌。

（4）在春秋两季，特别是苹果开花前后尤为重要。第一个防治关键期是苹果萌芽至开花前后，第二个防治关键期是落花后10天左右，第三个防治关键期是秋季绵蚜数量再次迅速增加时，常用药剂有48%毒死蜱乳油1 500～2 000倍液、22.4%螺虫乙酯悬浮剂3 000～4 000倍液、25%吡蚜酮可湿性粉剂2 000～2 500倍液、10%啶虫脒4 000～6 000倍液、25%噻虫嗪水分散粒剂2 000～2 500位液。

## 八、苹果黄蚜

又名绣线菊蚜、苹叶蚜虫，主要为害苹果、海棠、梨、

桃、李、樱桃、山楂、绣线菊等。

1. 形态特征

（1）无翅胎生雌蚜。体长1.6mm左右，略呈纺缍形，黄色或黄绿色，头、口器腹管和尾片均为黑色，触角基部淡黑色，腹管圆柱形，尾片指状，复眼暗红色。

（2）有翅胎生雌蚜。体长1.5mm左右，头、胸部、口器、腹管、尾片均为黑色。复眼暗红色，触角6节，腹部黄绿色，两侧有黑斑并有乳头状突起，翅透明。

（3）卵。椭圆形，漆黑色有光泽。

（4）若虫。触角、复眼、足、腹管均为黑色，腹部肥大黄色，腹管短，有翅若蚜有翅芽一对。

2. 为害状

以成虫、若虫为害新梢和叶片为主，对果树的枝条发育影响很大。成虫和若虫刺吸叶片和枝梢汁液，被害新梢细弱、节间长，布满蚜虫虫体表现为黄色，被害叶片叶尖向背横卷，叶缘向背微卷，出现失绿斑、凹凸不平。

苹果黄蚜群集为害状

3. 生活史

各地每年发生代数不一，华北地区为10余代，以卵在小枝芽鳞缝中或芽的两侧越冬。翌年4月苹果芽萌动时孵化，初孵化幼虫群集于嫩芽和叶片上为害，发育成熟后进行胎生繁殖，多产无翅胎生雌蚜，也有少数有翅胎生雌蚜，孤雌胎生繁殖。5—6月新梢旺长期蚜虫迅速繁殖，为害最重。新梢上布满蚜虫，尖端枝叶似黄色。7月大量出现有翅胎生雌蚜，逐渐迁移到其他寄主上为害，8—9月间树上虫量减少，10—11月产生有性蚜，交尾产卵，以卵越冬。

4. 防治方法

防治蚜虫应坚持防早防小的原则，是春季主要防治的害虫之一。

（1）植物防治。

烟叶：将1kg干烟叶浸泡在10kg热水中，揉搓捞出，再加10kg清水浸泡24h，揉搓后过滤，将两次的滤液混合，再与10kg含有0.5kg的石灰水溶液均匀混合，进行喷雾。

橘皮、辣椒：将1kg干橘皮与0.5kg干辣椒混合捣碎，再用10kg清水煮沸，浸泡24h，过滤后的滤液就可以喷雾。

蓖麻叶：将新鲜的蓖麻叶浸泡在两倍水中，煮15min，放凉后过滤，滤出液即可喷雾。

桃叶：将桃叶浸泡于水中一昼夜，加入少量生石灰，过滤后喷洒。

（2）物理防治。

黄色板诱杀：利用蚜虫的趋黄性，将木板或硬纸板涂成黄色，其表面涂上10号机油或凡士林等黏着物，来诱杀有翅蚜虫。要及时更换黄色板。

银灰色避蚜：蚜虫对银灰色有很强的趋避性，可以在果园中

悬挂银灰色塑料条或使用银灰色地膜覆盖地面进行趋避蚜虫。

信息互素诱杀：将蚜虫信息素滴入棕色小塑料瓶中，打一个直径1mm的小孔。将瓶悬挂于果园，下方置一水盆，使诱杀而来的蚜虫落水而亡。

尿洗合剂灭蚜：将尿素、洗衣粉、清水按4∶1∶400的比例制成尿洗合剂，均匀、细致地喷于叶子的正反两面。

（3）农业防治。及时清园，采摘后，及时清理园中的枯枝、落叶、杂草、老叶、病叶、黄叶，带出果园深埋。早春及时清理田间杂草，并消灭杂草上的越冬虫卵，减少虫源基数。生长季手工摘除为害新梢，集中销毁。

（4）生物防治。可引种、繁殖、释放瓢虫、草蛉、食蚜蝇、蜘蛛、小花蝽、蚜茧蜂、蚜小蜂等天敌。在天敌的主要繁殖期要减少化学用药次数，选用低毒农药，保护天敌。

（5）化学防治。蚜虫一般在3月中下旬苹果花芽膨大期集中孵化为害，这是一年中孵化最整齐、发生时间最长、扩散为害最慢的一代。常用的防治药剂见苹果绵蚜防治。

## 九、桃小食心虫

属鳞翅目蛀果蛾科，简称桃小，又称桃蛀果蛾，幼虫蛀食桃、梨、苹果、枣、山楂等多种果树的果实。

### 1. 形态特征

成虫体长7mm左右，灰褐色，复眼红褐色，前翅灰白色，中部有一个金色三角形蓝黑色斑，翅面上有7～9簇斜立毛丛，后翅灰色。雌蛾下唇须长、前伸如剑，雄蛾下唇须短，向上弯曲。老熟幼虫长约12mm，纺锤形，头褐色，前胸背板深褐色，身体桃红色。卵初产时黄白色、后为橙红色至深红色，近圆桶形。

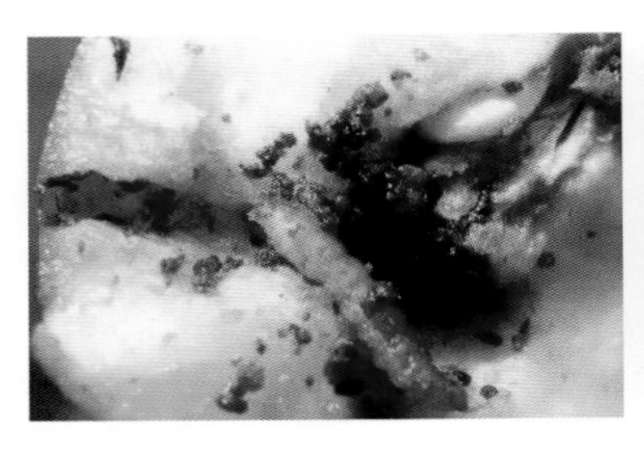

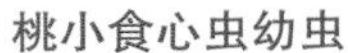

桃小食心虫幼虫

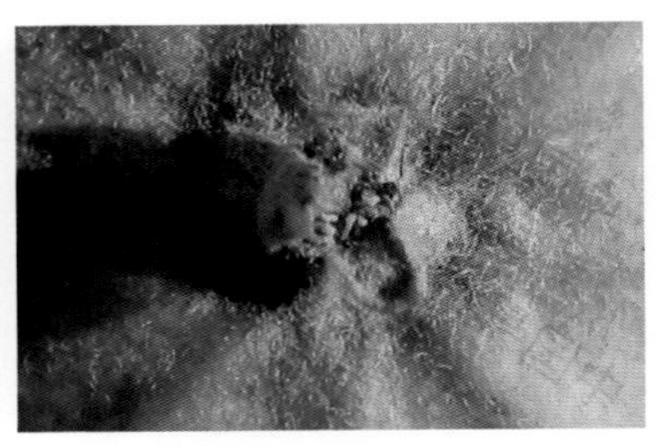

桃小食心虫虫卵

2. 为害状

以幼虫蛀害幼果，由蛀果孔溢出泪珠状汁液，干涸成白色蜡状物，受害果发育凸凹不平的畸形果，幼虫钻出果外，留下较大虫孔，有时孔外挂虫粪。被害果畸形，果内充满虫粪，俗称猴头果或豆沙馅。被害果品质降低，脱落，严重者不能食用，失去经济价值。

1～2代，以晚龄幼虫成茧在土壤中越冬。越冬幼虫于4月底、5月初开始出土，5月中旬到6月上旬达到高峰。整个出土期长达一个月。出土后多隐藏于近树干周围的石块、土块或杂草根旁，并形成夏茧后化蛹，蛹期9～15天。5月下旬成虫开始羽化，羽化后2～3天产卵，盛期为6月上中旬，卵期6～7天。产卵多集中于太阳落山后，产于果实萼洼处。初孵化幼虫有趋光性，先在果面上爬行数10min后，选择光亮的部位，咬破果皮，蛀入果实中发育。幼虫在蛀果内为害20天左右。从6月下旬开始老熟，从里面咬一个较大孔脱果，7月上中旬是脱果盛期。一部分入土作茧越冬，另一部分结夏茧化蛹，发生第二代。第二代成虫于7月上旬开始发生，7月下旬至8月上旬为盛期。8月上旬幼虫开始脱果，一直延续到10月上旬，盛期在8月下旬到9月上旬。脱果后即入土结茧越冬。

幼虫蛀害幼果后由入果孔溢出泪珠状汁液

桃小食心虫虫粪

3. 生活习性

成虫通常在夜间活动，白天大多潜伏于叶背。产卵多集中于太阳落山后，产于果实表面。越冬幼虫出土、化蛹、成虫羽化及产卵都需要有较高的湿度。幼虫出土要求土壤湿润，天干地旱幼虫几乎不能出土，在雨后出土幼虫增多，要抓紧防治。产卵时，高湿产卵量大，低湿产卵量小，相差数十倍，所以干旱年份发生轻。

4. 防治方法

（1）结合秋季施肥，全园深翻，破坏食心虫的越冬场所，使其暴露于地表被晒死或冻死，减少下一年的虫源基数。从6月中旬开始摘除虫果，每半月进行一次。

（2）越冬幼虫出土期。地面撒药防治幼虫，在6月中旬到7月中旬各施药一次，地面或喷洒48%毒死蜱乳油300～500倍液或喷洒48%毒・辛乳油200～300倍液，喷前要清除地面杂草，喷后进行中耕，延长药效。或树下覆盖地膜，阻碍成虫上树产卵。

（3）成虫发生期，在田间悬挂桃小食心虫性诱剂或迷向剂，以诱杀雄成虫或使雄虫找不到配偶对像，导致交配和繁育率降低，减少下一代食心虫数量。

（4）成虫产卵前可以对果实进行套袋保护，也可以在田间释放赤眼蜂，寄生虫卵。一般4～5天放蜂一次，连续放3～4次。

（5）在花后10～15天内进行果实套袋。

（6）卵孵化期可以喷药防治，当卵果率达到0.5%～1%时、地面用药后20～30天、或出现诱蛾高峰时进行喷药。使用药剂有4.5%高效氯氰菊酯乳油1 500～2 000倍液、20%甲氰菊酯乳油1 500～2 000倍液、2.5%高效氟氯氰菊酯乳油1 200～1 500倍液、48%毒死蜱乳油1 200～1 500倍液、50%马拉硫磷乳油1 200～1 500倍液。

## 十、顶梢卷叶蛾

又名苹果顶芽卷叶蛾、拟白卷叶蛾，属鳞翅目小卷叶蛾科。食叶性害虫，主要为害幼芽、叶及嫩梢。

### 1. 形态特征

成虫体长约7mm，翅展约13mm，灰褐色，前翅后缘臀角具一块三角形黑斑。两翅合拢时，后缘两块斑呈菱形。前缘斑有时呈梯形。幼虫体形粗壮，头、前胸板及胸足漆黑色，体污白色。小幼虫乳黄色，头、前胸板及胸足漆黑色。越冬幼虫淡黄色。卵扁椭圆形，乳白色，长约0.7mm。有明显的多角形横纹，散生。蛹纺锤形，黄褐色。茧黄白色长椭圆形，长约5mm，短粗，腹部末端有8条细长臀刺，轮状着生。

### 2. 为害状

以幼虫为害枝梢嫩叶，吐丝结网，将嫩叶包裹成团，啃下叶背绒毛作成筒形，幼虫蜷缩于内向外啃食，顶梢被害后，嫩叶干枯，但不脱落。第一代幼虫主要为害春梢，第二代幼虫主要为害秋梢。

顶梢卷叶蛾为害状

3. 生活史

一年发生2～3代，以幼虫在枝梢顶端的干枯卷叶中越冬，少数可以在侧芽或叶腋间越冬。早春苹果萌芽时，越冬幼虫出蛰，为害嫩叶。4月中下旬转移到新梢顶部，叶丝包裹嫩叶呈筒状，老熟后在卷叶中作茧化蛹，越冬代成虫于5月上旬交尾产卵，卵期约7天。5月中下旬出现第一代幼虫，为害嫩叶。以后各代幼虫发生时期分别是7月上旬、8月上旬和9月上中旬。9月孵化出来的最后一代幼虫一直为害到10月，才作茧越冬。

4. 防治方法

（1）人工防治。结合修剪，剪除被害枝梢的卷叶团并集中烧毁或深埋，减少虫源基数。生长季巡视果园，发现虫包后，用手捏死其中幼虫。

（2）物理防治。利用成虫的弱趋光性，结合防治其他害虫，可以进行灯光诱杀。

（3）天敌防治。在各代卵期，可以释放赤眼蜂，每一代卵释放3～5次，每隔3～5天放一次，防治效果可达90%。

（4）药剂防治。在越冬代成虫产卵盛期和各代幼虫孵化盛期喷药。药剂可以选用4.5%高效氯氰菊酯乳油1 500倍液、1.8%阿维菌素2 000倍液、10%溴·马乳油2 000 ~ 2 500倍液、240g/L甲氧虫酰肼3 000倍液。

## 十一、金纹细蛾

又名苹果细蛾、潜叶蛾，主要为害苹果、沙果、海棠、山定子、山楂、梨、桃等苹果类果树为主。

### 1. 形态特征

（1）成虫。身体较小，体长2.5mm左右，翅展6.5mm左右，复眼黑色，触角丝状，全身金黄色。头银白色，顶端有两丛金色鳞毛，体背与前翅为黄褐色并闪金光。前翅基部有3条白色与褐色相间的放射状条纹。第一条沿前缘平伸，端部向下弯曲而尖，第二条在翅中室，端部向下弯，第三条沿缘平伸，末端向上弯曲。前翅端部前缘有一爪状纹。

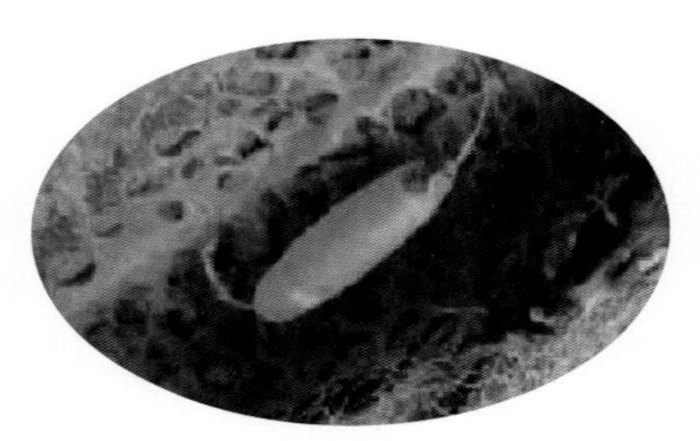

金纹细蛾蛹

（2）卵。扁椭圆形，长径0.3mm，乳白色，半透明，有光泽。

（3）幼虫。细纺缍形，体稍扁，黄色。胸足较腹足发达，腹足不发达，第四对退化。

（4）蛹。梭形，黄褐色，前端色深。翅、触角、第三对足先端裸露。

### 2. 为害状

幼虫从叶背潜入叶肉内，取食海绵组织，留下表皮呈膨膜

状，长椭圆形，浅黄色。虫斑处下表皮绷紧收缩使叶片自虫斑处向叶背略卷曲，从叶正面看虫斑处有黄白色网眼状斑点组成的虫斑，略呈椭圆形，比黄豆大小的失绿斑。一片叶子上常有几个或十几个虫斑，内有虫粪，造成叶黄枯焦，提早脱落。

金纹细蛾为害状

3. 生活史

一年发生4～5代，以蛹在被害的落叶中越冬。翌年春季苹果发芽开绽期为越冬代成虫羽化盛期。8月是全年中为害最严重的时期。如果一片叶有10～12个斑时，不久将脱落。各代成虫发生盛期为越冬代4月下旬、第一代6月上旬、第二代7月中旬、第三代8月中旬、第四代9月下旬。

4. 防治方法

（1）严格清园。冬春清扫落叶，集中销毁或深埋，这是防治的关键措施。将落叶清除干净，翌年发生轻。

（2）用性信息诱捕器进行捕杀。

（3）药剂防治。在第一代幼虫盛发期进行喷药防治。药剂可选用2.5%高效氯氰菊酯1 500～2 000倍液、20%除虫脲悬浮剂3 000～6 000倍液、25%灭幼脲悬浮剂1 500～2 000倍液。

## 十二、绿盲蝽

### 1. 形态特征

绿盲蝽成虫体卵圆形，黄绿色，体长5mm左右，宽2.2mm；触角绿色；前翅基部革质、绿色，端部膜质、灰色、半透明。若虫体绿色，有黑色细毛，触角淡黄色，翅芽端部黑色。

绿盲蝽成虫

### 2. 为害状

又称盲蝽蟓，为害苹果、梨、枣、桃、柿等多种果树。以成虫和若虫刺吸为害幼嫩组织，苹果上以嫩叶受害最重。受害起初形成针刺状红褐色小点，随着被害叶片的生长，以红褐色小点为中心形成许多不规则孔洞，叶缘残缺破碎、畸形皱缩，俗称“破叶疯”。幼果受害后，多在萼洼吸吮点处溢出红褐色胶质物。以刺吸点为中心，形成表面凹凸不平的木栓组织。随着果实的膨大，刺吸处逐渐凹陷，形成畸形果。

绿盲蝽为害叶片

绿盲蝽为害幼果

### 3. 生活史

一年发生4～5代，以卵在顶芽芽鳞中越冬。翌年4月中旬

果树花序分离期开始孵化，4月下旬是越冬卵孵化盛期，刚孵化的若虫集中为害花器和幼叶。5月中下旬是越冬代成虫羽化高峰期，也是集中为害幼果的时期。交配产卵，为害繁殖三至四代，除第一代外，其余几代世代重叠严重。一二代成虫发生数量较多，二代成虫在6月下旬达到发生及转主高峰，大量成虫开始转移扩散到其他寄主植物上为害，果园内三四代虫量较少，末代成虫于10月陆续迁回果园，产卵于果树的顶芽，进行越冬。绿盲蝽从叶芽破绽开始为害直到6月中旬，其中以展叶期和小幼果期为害最重。

绿盲蝽的发生程度与早春降水量有关。降水量大，发生程度重，因为湿度利于野生寄主上的越冬卵孵化。早春过于干旱，不利于其他野生寄主的越冬卵孵化，容易造成绿盲蝽在果园内为害的时间相对延长，从而加重幼果受害。因此，凡是春季干旱的年份，靠近河边、水库、池塘的果园发生严重。

#### 4. 防治方法

一代若虫孵化期也是药剂防治关键时期。

（1）农业防治。结合冬季清园，铲除杂草，刮掉树皮，消灭绿盲蝽越冬卵。

（2）药剂防治。苹果发芽前，结合刮树皮清园，可杀灭部分越冬虫卵。在一代若虫发生期，选择吡虫啉、啶虫脒、高效氟氯氰菊酯、高效氯氰菊酯、阿维菌素等广谱性杀虫农药，结合防治蚜虫及红蜘蛛等同期发生的苹果害虫，每隔7～10天喷药1次，连续喷施2～3次，上述药剂需轮换使用，避免害虫产生抗药性。

### 十三、苹小卷叶蛾

#### 1. 形态特征

成虫：体长7mm左右，黄褐色。前翅前缘向后缘和外缘

角有两条浓褐色斜纹，其中一条自前缘向后缘到达翅中央部分时明显加宽。前翅后缘肩角处，及前缘近顶角处各有一小的褐色纹。

卵：扁平椭圆形，淡黄色半透明，数十粒排成鱼鳞状卵块。

幼虫：身体细长，头较小呈淡黄色，大幼虫翠绿色。

蛹：黄褐色，长10mm左右，细长，腹部背面每一节上有刺突两排，下面有一排小而密，尾端有8根钩状刺毛。

2. 为害状

一年发生3～4代，苹果萌芽后幼虫叶丝缠结幼芽、嫩叶和花蕾，形成虫包，幼虫长大后多卷叶为害。

苹小卷叶蛾成虫

苹小卷叶蛾为害状

3. 生活史

以幼龄幼虫在老翘皮下，剪锯口处的裂缝中结白色薄茧越冬。翌年春天苹果萌芽后出蛰，金冠苹果盛花期是出蛰高峰期。出蛰后为害幼芽、嫩叶、花蕾，老熟幼虫在卷叶中结茧化蛹。越冬代在5月下旬，第一代在6月末7月初、第二代在8月上旬、第三代在9月中旬羽化。成虫寿命6～7天，卵期因温度高低有一定的变化，春季为10天左右，夏季为6天。幼虫期约为半月，蛹期6～10天。成虫有趋光性和趋化性，夜间活动，对

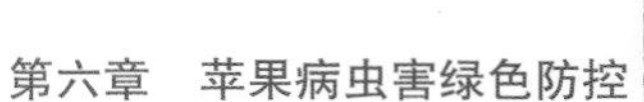

果醋糖醋液有较强的趋性，设置性信息素诱捕器，均可用来监测成虫发生期的数量。

4. 防治方法

（1）人工防治。结合冬剪、刮树皮，剪除虫包，消灭越冬幼虫。生长季可直接摘除卷叶和虫包带于园外销毁。

（2）趋性诱杀。可以利用糖醋液和性信息素诱捕器进行诱杀。

（3）化学防治。防治时期掌握在第一代卵孵化盛期及低龄幼虫期。常用防治药剂见金纹细蛾的药剂防治。

# 主要参考文献

高新一，王玉英. 2014. 果树林木嫁接技术手册[M]. 第二版. 北京：金盾出版社.

李克军. 2011. 苹果生产技术[M]. 石家庄：河北科学技术出版社.

吕佩珂，苏慧兰，等. 1995. 中国果树病虫原色图谱[M]. 北京：华夏出版社.

吕晓滨. 2016. 桃梨苹果树栽培与修剪[M]. 呼和浩特：内蒙古人民出版社.

马宝焜，高仪，赵书岗. 2010. 图解果树嫁接[M]. 北京：中国农业出版社.

马骏，蒋锦标. 2006. 果树生产技术（北方本）[M]. 北京：中国农业出版社.

聂佩显、薛晓敏，路超，等. 2012. 矮化自根砧苹果苗繁育技术[J]. 河北农业科学（7）：45-47，80.

汪景彦，等. 2011. 红富士苹果生产关键技术[M]. 北京：金盾出版社.

王俊峰，史继东，李丙智. 2015. 苹果园肥水高效利用技术[M]. 杨凌：西北农林科技大学出版社.

闫文涛，仇贵玉，张怀江，等. 2015. 苹果园3种害螨的诊断与防治实用技术[J]. 果树实用技术与信息（11）：26-29，49.

于毅，王少敏. 2009. 果园新农药300种[M]. 北京：中国农业出版社.